银杏：
栽培、药效研究与应用

黄和平　黄　鹏　栗进才　主编

化学工业出版社

·北京·

本书以药用植物银杏为主线，在简单介绍银杏文化的基础上，重点阐述了银杏的栽培繁殖技术、银杏活性成分及提取分离技术，以及银杏在中医中药、临床、食品、日化及保健品中的应用。

本书可供从事银杏文化历史研究、银杏育种、栽培及加工的人员使用，同时可供从事银杏医药、保健品、食品、日化产品开发的技术人员参考，也可供对银杏感兴趣的大众阅读。

图书在版编目（CIP）数据

银杏：栽培、药效研究与应用 / 黄和平，黄鹏，栗进才主编 . —北京：化学工业出版社，2019.9
ISBN 978-7-122-34509-7

Ⅰ.①银… Ⅱ.①黄… ②黄… ③栗 Ⅲ.①银杏—栽培技术②银杏—药效—研究 Ⅳ.①S664.3②R282.71

中国版本图书馆 CIP 数据核字（2019）第 092798 号

责任编辑：冉海滢 张 艳 刘 军
责任校对：王 静　　　　　　　　　　　装帧设计：关 飞

出版发行：化学工业出版社（北京市东城区青年湖南街 13 号　邮政编码 100011）
印　　装：中煤（北京）印务有限公司
710mm×1000mm　1/16　印张 9½　字数 144 千字　2019 年 9 月北京第 1 版第 1 次印刷

购书咨询：010-64518888　　售后服务：010-64518899
网　　址：http://www.cip.com.cn
凡购买本书，如有缺损质量问题，本社销售中心负责调换。

定　　价：58.00 元

本书编写人员名单

主　　编：黄和平　黄　鹏　粟进才

副 主 编：唐占英　王雅娟　周　晶

编写人员：（按姓氏笔画排序）

　　　　　王　功　王　凯　王雅娟　孙　李　李翔宇

　　　　　杨　永　周　晶　赵煤矿　粟进才　唐占英

　　　　　黄　鹏　黄和平　曹　勇　葛德助　湛有群

主　　审：王效山　张　鉴

前 言

　　中医药学是一个伟大的宝库，是我国古代劳动人民智慧的结晶，是中华民族几千年来繁衍生息的重要保障。当前，在国家中医药大健康产业政策指引下，中药再次被推向了舞台中央，中药研究与开发迎来了新的春天。银杏是植物界的活化石、老寿星，其叶与种子属于中药，被广泛使用于食品、医药、美容、绿化等众多领域。近年来，在我国科研工作者的共同努力下，银杏在各个领域的研究都大有突破，新的研究成果不断涌现。着眼于银杏产业未来深度发展的需求，一群心系银杏的果木专家、农艺师以及药物化学研究人员等组成本书写作团队，希望将银杏在相关领域的研究成果呈现给广大读者。

　　银杏使用历史悠久，药用价值颇高。由于银杏与中国历史和文化息息相关，本书第1章着重从银杏文化与历史、类别与品种等方面进行概述；第2章围绕形态特征、生长习性、土肥水管理、病虫害防治及整形修剪等内容阐述银杏栽培繁殖技术，为银杏栽培提供理论指导；第3章着眼于近年来银杏在活性成分提取分离技术方面所取得的新成果介绍其活性成分、提取分离及纯化技术，为银杏研究与开发提供理论基础；第4章从食品、医药、美容等领域介绍银杏的应用，为拓宽银杏应用范围提供理论支撑。全书力求内容丰富、简洁明晰、通俗易懂，集知识性、实用性和趣味性于一体。

　　中药产业的发展关键在于源头，需要以中药农业为基础，中药工业为主体，科技创新为驱动，溯本追源，开拓更新。本书在编写过程中紧扣这一主题，将专业性与科普性融于一体，将理论性与实用性有机结合。本书可供从事银杏育种、栽培及加工的人员使用，也可供从事银杏医药、保健、食品、日化产品研究与开发的技术人员进行参考，同时可供对银杏感兴趣的大众阅读。

全书分为 4 章，第 1 章为概述（黄和平、王功、王凯编写）；第 2 章为银杏栽培繁殖技术（唐占英、杨永编写）；第 3 章为银杏活性成分及提取分离技术（黄鹏、杨永、栗进才编写）；第 4 章为银杏的应用（王雅娟、周晶编写）。编写过程中，杨永、王功、王凯、孙李、湛有群、彭华胜、曹勇、葛德助、李翔宇提供了丰富的资料，并参与审稿及加工整理。全书由黄和平、黄鹏、栗进才统稿。

本书在编写过程中，得到了亳州市科技局、谯城区科技局领导的关心、鼓励和指导，在此表示衷心感谢。

白果飘香满园秋，正是硕果收获时。借此机会，谨向付出了艰辛劳动的全体编者致以崇高的敬意，向为本书编写及出版提供帮助的各位专家和各界人士致以衷心的感谢！

银杏研究仍在不断深入，其开发和应用价值亦在不断拓宽。限于编写团队的学识水平，本书难免存在不足之处，恳请读者和专家批评指正。

编者
2019 年 3 月

目 录

第3章 银杏活性成分及提取分离技术 / 079

第1章

概　　述

银杏（*Ginkgo biloba* L.）为银杏科、银杏属落叶乔木，具有巨大的经济、生态、社会、文化、科研等价值，为我国特产植物。由于银杏曾生存于第四冰川时期，是侏罗纪孑遗植物，唯我国有野生类群，素有植物界"活化石"之称，美国、日本、欧洲皆从我国引种栽培。银杏是集食用、药用、材用、绿化和观赏等于一体的植物，在我国栽培历史悠久，可上溯到商周时期。我国银杏资源丰富，占全世界 70% 以上，现已形成浙江天目山、湖北大红山等 15 个银杏种群。古银杏已成为我国主要的古树景观资源，其中树龄百年以上的古银杏约 6 万株、千年以上的约 500 株，分布于全国 24 个省市。目前，国内核用、叶用、材用、观赏等银杏品种均是从现存古树选育出来的。

1.1 银杏文化与历史

银杏在我国自古以来就被赋予了深厚的植物文化，象征着纯洁、高尚、淡雅、无欲等内涵，一直受到文人雅士的歌颂和推崇。我国境内保存着数量众多的古银杏群落。古银杏记载着自然和文化的更替演化，不仅是非常珍贵的历史文化资源，而且还留下了美丽动人的传说。

1.1.1 银杏与中国文化

（1） 银杏与中医药

中医药是我国传统文化的重要组成部分。历代医药典籍中与银杏相关的药用记载，体现了我国中医药文化的博大精深。银杏作为药用进入人们视野应在唐代之前，唐代药学家陈藏器在《本草拾遗》中记述了"木则平仲，其实如银"。"平仲"即为银杏。《本草拾遗》作为药学著作对银杏进行记载，表明其具有药用价值。遗憾的是，对于银杏的具体功效及应用，陈藏器未做进一步描述。最早记述银杏药用功效的本草著作应是元初李果所撰写的《食物本草》。李果在书中云："银杏味甘苦，有毒。实如杏，而核中有仁可食，故名仁杏。食之生痰，动气。生啖，利小便。"之后的《日用本草》对银杏药用也有记载，但内容未超出《食物本草》的记载范围。

明清时期，人们对银杏种仁、叶的药用功效得到进一步认识。《本草品汇精要》一书中刘文泰等对银杏种仁、叶的药用有详细记述，首次提出银杏种仁"煨熟食之，止小便频数"，银杏叶"为末，和面作饼，煨熟食之，止泻痢"。同时代的陈嘉谟还认识到银杏种仁有堪茶压酒及治疗妇女白浊之功效。在中医药典籍中，要数《本草纲目》对银杏的药用记述最为详尽。李时珍指出了银杏对 18 种疾病的治疗作用，此后的医药典籍均未超出于此。

（2） 银杏与膳食

我国养生文化强调"药食同源"。银杏种仁，亦即白果，不仅能够作为药用，也能食用。白果的食用方法多种多样，很多菜系与白果相关，如各地常见的白果炖猪肚、白果炖鸡、白果炒西芹、糖醋白果等。目前在贵州部分地区，每到深秋，人们都会采摘白果做成银杏糕。全国各地商店也常可见到盐焗白果作为果品出售。以白果与粳米熬制而成的白果粥也是家庭常备饮食，可以强身健体，对体弱多病者尤佳。现代研究表明，白果是营养丰富的高级滋补品，除了含有粗蛋白、粗脂肪、还原糖、核蛋白、矿物质、粗纤维及多种维生素等成分，还含有钙、磷、铁、硒、钾、镁等多种微量元素与赖氨酸、苯丙氨酸等 7 种氨基酸，具有很高的食用价值。

食用白果的历史在我国由来已久，但始于哪个年代无从考证。自宋代以来，历代文献中都有大量有关食用白果的描述。白果在宋代常被称为"鸭脚子"，是文人之间相互馈赠或者聚会宴饮时的美食。《德远叔坐上赋肴核八首·银杏》云："深灰浅火略相遭，小苦微甘韵最高。"此处白果承载的不仅仅是食物之味，还有文人特有的审美意味，从中可以体会到文人含蓄雅致的情怀。白果在宋代是煨熟之后食用，"深灰浅火略相遭"就是对煨熟方法的准确描述。黄庭坚在《和答张仲谟泛舟之诗》中云："鸭脚钉盘随土物，蟹螯将酒擑珍馐……此际刿游还忆旧，闲中情味两悠悠。"诗中白果是下酒之物，与蟹螯等珍馐美味相配合，为筵席增色。元代《食物本草》记述："银杏味甘苦，有毒。实如杏，而核中有仁可食，故名仁杏。"《王祯农书》云："初收时，小儿不宜食，食则昏霍。唯炮煮作颗食为美。"表明在元代银杏是一种食物，但要掌握食用方法。

（3） 银杏与园林

银杏作为园林绿化树种在我国可谓历史悠久，在园林中的栽培历史可追溯到商周时期。据考证，最早记载银杏作为园林绿化树种的文献始于西汉时期司马相如的《上林赋》。汉代，银杏已盛植于江南的园林风景中，唐代开始向北方扩展，到了宋代，银杏在南北方园林绿化中都有了较大发展。如今银杏在园林绿化中依然发挥着重要作用。以下列举几个以银杏绿化景点的园林，以飨读者。

① 杭州朝晖公园　杭州朝晖公园有一片银杏林，位于公园南侧的华园弄，市民称之为杭州城里的"黄金甲"。每到秋天，银杏叶渐渐变黄之时，阳光照射下银杏林仿佛便披上了一层"黄金甲"，美丽怡人的景色吸引了众多游客慕名前来观赏。

② 邛崃文君园　文君园坐落在邛崃城内的里仁街，因才女卓文君与司马相如的一场旷世奇恋而显得浪漫与神秘。据说西汉时期里仁街一带曾是商贾云集、车来人往的繁华街道。文君园内有一座藕香亭，亭子正南方有棵巨型银杏树，银杏树枝繁叶茂，欣欣向荣，吸引着众多游人。

③ 邳州银杏博览园　邳州银杏博览园2004年被批准为国家级银杏博览园，是中国第一家单树种国家级森林公园。博览园共有银杏5万亩，其中银杏密植园3万余亩。古银杏姊妹园是核心景区，占地500亩。漫步银杏园中，宛如走进了无边无际的银杏森林仙境，满目树影婆娑，令人陶醉，流连忘返。

④ 郯城国家级银杏公园　郯城是闻名遐迩的"银杏之乡"，银杏公园占地面积2.3万亩，文化底蕴深厚，生态环境优良。园内银杏景观资源丰富独特，有树龄3000年的银杏古树、10km长的古银杏林带、保存了100多个种质资源的中华银杏品种园，还有集中连片、面积数万亩的银杏人工幼林、银杏博物馆以及古银杏村居等景观，是全国第二家银杏专类公园。

（4） 银杏与都市景观

银杏与北美鹅掌楸、悬铃木、欧洲七叶树以及欧洲椴并称为"世界五大行道树"，为都市景观增添色彩。在我国，银杏作为景观树可追溯到商周时代，现存的绢画、壁画、石刻等可以作为佐证。魏晋南北朝时期，因银杏是信徒崇尚的对象，银杏在佛庙和道观的景观设计中已被广泛采用。现代都市景观设计中，银杏依然占有重要一席。银杏树干通直，庄重古朴，其叶呈独特的扇形，玲珑剔透，簇生于短枝，春夏季节呈现出郁郁葱葱的一派生机，秋季则营造出金黄可掬的壮丽景色。众多特色集于一身，使银杏成为都市景观树中的宠儿。成都、丹东等30多个城市把银杏作为市树，各具特色的"银杏街""银杏大道""银杏小径"散布全国。丹东市区40条街道上遍布银杏，已成为都市一道亮丽的风景；七经街、六纬路和九纬路两旁栽种的银杏树更是历经世纪沧桑的百年古树，不仅是市区绿化的一大特色，而且见证了丹东的历史。

银杏在都市景观中排列形式多样。在城市街道和环城公路上，银杏多以列植为主，以显示整齐和气魄，如湖州长兴的金陵中路、龙山大道、画溪大道、滨河大道上的银杏行道树。在城市旅游景点，可采用林植方式，以银杏为主搭配其他树种；在城市公园、广场及其他城市绿地，以孤植或中心植方式栽种；在社区绿地，以丛植方式栽种。总之，银杏的排列布局要因地制宜，才能呈现错落有致、层次多变的自然美。

（5） 银杏与生态旅游

古银杏群落大多远离都市，而都市周边独具民族特色的民宅村舍、淳厚古朴的民俗风情以及返璞归真的生活方式等均已成为当代旅游的时尚。如今不少地方立足银杏资源，依托自然风景、历史文化打造成了美名远扬的生态旅游景点，吸引着大量游客。

以下各地是与银杏相关的独具特色的生态旅游景点。

① 福建龙门场古银杏林　朱子故里福建省尤溪县的中仙乡龙门场有一片全省最大的古银杏林。这片如诗如画的古银杏林，因为历史悠久、风景秀丽而闻名遐迩，令人神往，成了探古访胜的旅游观光胜地。这片拥有350多棵古银杏的银杏林，树龄700余年，历经沧桑，勾画出了一幅充满乡情的田园诗画。

② 桂北张家崎银杏村　全村现有大大小小的银杏树近5000棵，人均拥有量达10棵，其中居民宅前屋后百年以上的独株银杏超过200棵。2015年11月底，张家崎银杏村举办了首届"金色梦想"银杏旅游节，被《人民日报》所报道。金秋时节每逢周末，前来休闲旅游或摄影绘画的游客多达

6000 人，平时每天慕名前来观光的游客也不少于 1000 人。

③ 浙江长兴银杏长廊　长兴十里古银杏长廊位于长兴县小浦镇八都岕，前后经过方一、潘礼南、方岩、大岕口四个自然村落。目前拥有百年以上古银杏 2700 余株，300 年以上的 376 株，500 年以上的 11 珠，1000 年以上的 5 株，有"银杏皇后""怀中抱子"等千年古树，共连绵 12.5km。深秋时分，路两旁的银杏树叶随风飘落，为林荫小道镀上一层金黄，成了一条以"原、野、奇"为特色的风景线。

④ 天目山野生银杏"活化石"　天目山是银杏的原生地，山中保存有中生代孑遗植物野生古银杏。一代一代的古老银杏树在天目山上成长，成了天目山的魂。其中，最古老的银杏树是被称为"五世同堂"的"世界银杏之祖"，一株衍生出了 20 多代。每年 10 月中下旬至 11 月底，整座天目山都被银杏的落叶包裹得严严实实，使得天目山秋色有种特别的神韵，是秋日赏秋、赏银杏的绝佳去处。

⑤ 云南腾冲古银杏村　云南古银杏村位于腾冲市固东镇江东社区，是近几年来才开始逐步发展旅游业的古村庄。古银杏村因村内分布着 130 多公顷、3000 余株连片的古银杏树而得名，树龄 400 年以上的 120 多株，从远处望去有一种"村在树中，林在村中"的别致美感。每年银杏叶黄时期约有 30 万名游客前来观赏。

⑥ 安徽老古堆银杏树　安徽省阜阳市临泉县城西流鞍河畔老古堆，有一株古老的银杏树，树高 30 余米，胸围 8m，树龄已有 2000 多年。古银杏树参天而立，远看形如山丘，龙盘虎踞，气势磅礴，冠似华盖，覆荫数亩；近看古树九棱十八杈、七十二枝丫，饱经风霜，苍劲古拙。地上凸起的根部，构成了各种天然的造型，犹如跃虎奔马，姿态万千。如今，老古堆银杏树已成为远近闻名的景点，吸引着八方的游客。

（6）银杏与艺术

赋予植物文化属性是我国的传统，具有提升审美情趣、感悟人生的功用。银杏作为植物界的"活化石"已经深深打上文化烙印，很早就进入我国人民艺术创作的视野，留下大量精美的艺术作品。

① 绘画　银杏树形美观，树叶奇特，具有很强的观赏性。历史上以银杏为背景、或以银杏为题材的绘画作品不少，其中不乏精品，如晚清著名画

家钱冰的《云台胜境图》（图1-1）。《云台胜境图》用中国传统的山水画技法描绘出清代云台山的实境，这在钱冰的现存山水画作品中非常罕见。画中桥边右侧的四株绿树乃古银杏，其老干叶茂，参差相依，浓荫冠盖。此树至今犹在，相传是宋人所植。

图1-1　【清】钱冰《云台胜境图》

从现存的绢画、壁画、画像石刻可见，银杏因其多子多福等象征意义而成为汉代画像石刻的题材。魏晋时代竹林七贤等文人肖像画就以银杏作为背景。宋代《宣和画谱》中有银杏树入画的记录。

②摄影　近年来，各地"银杏基地""银杏村"依托银杏资源，打造

摄影基地，举办摄影比赛，不仅弘扬了银杏文化，还丰富了人们的精神娱乐生活。如拥有3500棵银杏树的富阳万市镇"银杏基地"，自2009年开始举办一年一度的"银杏之秋节"，吸引了众多摄影爱好者。妥乐古银杏村是贵州省级风景名胜区之一，为满足摄影爱好者的艺术创作需求，2008年10月妥乐村被批准为"贵州省摄影家协会创作基地"。地坛公园银杏大道作为北京最古老的银杏大道，园内200余株银杏树栽植于20世纪50年代末，每到深秋，树下满地金黄，一直是摄影爱好者大展才华的景观胜地。

③ 木雕 作为银杏文化的一部分，银杏木雕是了解百姓风貌、传承时代精神的载体，其制作技艺在江苏泰兴至少传承了几百年，优秀作品也不断涌现。如程郭明的作品以银杏根雕为主要发展方向，其《八仙祝寿》《仙桃》《银杏飘香》《香炉》四件作品得到业界同行的高度认可，获国家知识产权局颁发的专利证书。此外，他还创作了《牧童》《喜庆金秋》等优秀作品。

④ 盆景 盆景的设计、制作是一种艺术活动。我国早在公元前7000年的新石器时代就有草本盆景，到唐朝盆景艺术已达到了相当高的水平。银杏盆景虽然起步较晚，但因银杏枝干虬曲、叶形奇特，是制作盆景的珍稀树种。银杏枝条柔韧，萌发力强，叶形美观，如蝶似扇，树形古朴典雅，植于盆盎之中，则以朴素自然、绿意盈盈而令众多盆景爱好者情有独钟。在扬州红园，有一件别具风格的银杏树乳盆景，名曰"活峰破云"。此盆景高65cm，树身是一倒立的银杏树乳。树身柔枝缭绕，碧叶层层，好似片片云彩，端立的树身则好像冲破云层的巍峨山峰。这件独具匠心的盆景佳作，受到全国各地盆景艺术界同行的极高评价。

银杏盆景设计、制作的基本原则是师法自然、形神兼具。银杏盆景不仅具有欣赏价值，而且还能体现出我国的传统银杏文化。

⑤ 茶具和紫砂壶 文化思想内涵是艺术作品的灵魂。茶文化和茶具往往蕴含丰富的精神寄托，将栩栩如生的银杏雕刻于茶具上，呈现美妙的精神享受。图1-2为清代带有银杏图案的茶壶。

紫砂壶艺作为一种文化艺术，具有深厚的文化内涵。紫砂壶"银杏"出自江苏宜兴紫砂壶名家吴勇之手，是以大自然中的银杏为题材进行艺术创作的作品。此壶将银杏叶、银杏果的形象以微缩的比例完美地融入壶型之中，营造出浓郁的自然气息，使人仿佛置身于银杏世界，感受大自然的熏陶。"银杏"紫砂壶除具有功能美与艺术美外，更折射出浓郁的人文美，与中国茶文化一脉相承。

图 1-2　【清】带有银杏图案的茶壶

（7）银杏与乡愁

余秋雨说："乡愁是一个河湾，半壁苍苔，几棵小树。"那一株株古银杏犹如一团团乡愁。走近它们，揭开那一段段尘封的历史，却化不开那片浓郁的乡愁。

①妥乐古银杏　妥乐村位于贵州省六盘水市盘州市石桥镇。村内有古银杏 1450 株，平均树龄 300 年以上，1000 年树龄以上的有 100 多株，最长者则达到 1200 余年，是全世界古银杏最集中的地区之一。相传这些银杏树大多数是明代开国大将傅友德的军队所种植。傅友德率军在盘州市境内屯戍，化兵为民，这些士兵大部分来自江苏南京，客居远方，思念故乡，栽种了一片银杏作为思乡寄托。妥乐人是这些士兵的后裔，在此后 600 年的岁月中，妥乐村民不仅房前屋后种满了银杏树，还保留着江南水乡的徽派建筑、小桥流水等景观。

参天之树，必有其根。先人已逝，名木犹在，思念故土，凝视远方。

②江东银杏林　云南高黎贡山的云雾深处，有一个名为"江东"的古村落。全村共分布古银杏树 3000 多棵，其中树龄 500 年以上的有 50 多棵，400 年以上的 70 多棵，是迄今为止云南发现的最大、最集中、最古老的一片

银杏林。当地人介绍，这些古银杏树的种子，都是江东村村民的先祖从遥远的中原故土带来的。江东村村民祖上是成都华阳人，曾在南京任武官，为守边关于洪武二年（1369年）春奉调到腾冲，植下了这片银杏林。

思念故乡，人之常情。淡淡乡愁，挥之即来，抹之不去，化作株株银杏。

（8）银杏与文学

① 中国古代诗词歌赋　与梅兰竹菊相比，银杏在中国古典诗词中的地位并不突出，直到宋代才真正进入文人视野，成为吟咏对象。在此之前，银杏在文学作品中只是偶尔出现，被称为"枰"与"平仲"。

银杏出现于文学作品始于西汉，司马相如《上林赋》云"华枫枰栌"。西晋左思《吴都赋》有"平仲桾梴，松梓古度"的语句。初唐诗人沈佺期《夜宿七盘岭》云："独游千里外，高卧七盘西。晓月临窗近，天河入户低。芳春平仲绿，清夜子规啼。浮客空留听，褒城闻曙鸡。"诗人望着浓绿的银杏树，听见悲啼的杜鹃声，春夜独宿异乡的愁思和惆怅，油然弥漫。

到了宋代，以银杏为题材的诗词则大量出现，银杏成为具有人文意蕴的植物之一。宋代描写银杏的诗词主要分为两类，第一类与银杏作为美食相关，如晁补之《寄怀八弟三首》其三云："扬州全盛吾能说，鸭脚琼花五百年。忽见山光好诗轴，却思淮浦旧渔船。柴荆故俗真虚老，松菊幽斋已重迁。便作扶藜望衡霍，清秋随分有风烟。"梅尧臣《永叔内翰遗李太博家新生鸭脚》云："北人见鸭脚，南人见胡桃。识内不识外，疑若橡栗韬。鸭脚类绿李，其名因叶高。吾乡宣城郡，每以此为劳。种树三十年，结子防山猱。剥核手无肤，持置宫省曹。今喜生都下，荐酒压葡萄。初闻帝苑夸，又复主第褒。累累谁采掇，玉碗上金鳌。"

第二类是描写银杏的景观作用，如李之仪《瑞竹即事三绝》其三云："鸭脚初成绿未齐，芭蕉仍在柿阴西。推迁节物均如此，眼界何须苦自迷。"韦骧《晓离杨梅驿》云："长坡峻坂足崎岖，晓出杨梅古驿孤。山腹带云如曳练，稻梢垂露欲流珠。穿篱鸭脚深深碧，近水鸡冠小小株。行役虽劳遇佳境，且将幽句慰瘃痛。"

② 欧洲诗歌　约翰·沃尔夫冈·歌德，德国著名诗人、科学家、植物学家、哲学家。歌德曾寄给玛丽安·威尔玛一片银杏叶，并于1815年9月

15 日在法兰克福一城堡中朗诵了《二裂银杏叶》一诗的初稿。1815 年 9 月 23 日他最后一次见到玛丽安·威尔玛,带她观赏了那棵银杏树。歌德在诗稿中亲自贴上的两枚银杏叶即采自该树。

德国诗人歌德的《二裂银杏叶》(图 1-3):"生着这种叶子的树木,从东方移进我的园庭;它给你一个秘密启示,耐人寻味,令识者振奋。它是一个有生命的物体,在自己体内一分为二?还是两个生命合在一起,被我们看成了一体?也许我已找到正确答案,来回答这样一个问题:你难道不感觉在我诗中,我既是我,又是你和我?"

图 1-3　歌德的诗稿:《二裂银杏叶》

③ 现代散文与小说　现代散文中以银杏为题材的作品更多,如郭沫若的《银杏》,海燕的《银杏树》,钟芳的《霜染故乡银杏黄》,顾成兴的《"流泪"的银杏》,刘颖超的《初冬那一抹"黄"》,卢晓庆的《冬日里的银杏与山茶》,李启军的《情意白果树》,程应峰的《时光羽翼下的银杏树》,还有王素芹与张志和合作的《我喜欢深秋黄灿灿的银杏叶》等作品。

这些作品对银杏的描写可谓惟妙惟肖，如卢晓庆描述银杏叶"秀美如蝶的叶满缀在枝丫上，风阵阵刮来，满树儿翻飞摇动，看上去有些弱不禁风，可任风刮来刮去，那叶儿却始终从容相随，仿佛那样的风力，并非摧残，而是音乐……"

其中最引人注目的莫过于郭沫若于1942年发表的散文《银杏》。郭沫若在文中赞美银杏"你没有丝毫依阿取容的姿态，而你也并不荒伧；你的美德像音乐一样洋溢八荒，但你也并不骄傲……"

以银杏为背景的小说也一直在流传，如苇枫的《银杏树下》、苦梅的《古银杏树下》以及《银杏树下的少女》，等等。

1.1.2　银杏历史

（1）　银杏演化史

银杏类植物起源于距今3亿多年前的古生代石炭纪，全盛于中生代侏罗纪。现有化石资料显示，地球上曾经出现的银杏类植物有20余属150余种，之后大部分植物便走上灭绝的道路。到古新世时，仅有包括银杏在内的少数物种存活下来。中生代早期的银杏为现代银杏的远祖；新生代第三纪早期的银杏叶片与现代银杏无太大区别。经历第四纪冰川期后，银杏属的化石便在全球各地的地层中销声匿迹了，仅孑遗银杏一种在我国中部和西南部的避难所中躲过了冰川期等环境剧变，留存至今。

根据辽西发现的距今约1.6亿年的银杏木材化石"辽宁银杏木"，研究人员完整地勾勒出我国银杏属木材的演化序列，即从侏罗纪原始的辽宁银杏木，演化到早白垩世的中国银杏木，再继续演化为晚白垩世的葛如特银杏木，最后演化到中新世的贝克银杏木。银杏目植物现只孑遗单科、单属、单种，即 *Ginkgo biloba* L.，为我国特产，素有植物"活化石"之称。

（2）　银杏栽培史

银杏在我国栽培历史悠久，可上溯到商周时期。但在用途、规模、地域范围、影响因素等方面，不同的历史时期则有明显差异。

①商周至南北朝时期　虽然留存下来的银杏古树较少，且为零星分布，

但是从各地银杏古树的树龄推测，商周时期即有银杏栽培，以后历朝历代银杏的栽培逐渐增多，地域范围也逐渐扩展。汉末、三国时代，银杏在长江流域一带已有大量栽种，黄河流域也有零星分布。西晋和南北朝时期，黄河中下游地区银杏栽培数量进一步增多，直到今天，这些地区仍然是银杏的主产区。

② 隋唐到宋元时期　虽然隋唐时期与银杏相关的文献资料遗留较少，但留存下来的银杏古树表明，隋唐时期以长安（现陕西西安）为中心的地区曾有银杏栽培。北宋时期，银杏成了贡品，而且宣州（现安徽宣城）地区成为朝廷指定的供奉地区。此后银杏备受推崇，以汴京（现河南开封）为中心，逐渐被广泛栽培。到了南宋，银杏种仁成为民间的一种食品，银杏得到普遍种植，当时银杏品种最优的产地为广西宜州。

③ 明清至今　明清以来，随着人们对银杏的认识更为深入，银杏逐渐走进了我国传统的医书、药典、农书、谱录、方志。全国各地银杏广泛栽培，与银杏有关的民风、民俗也日渐丰富。目前，江苏、浙江、安徽、广东、广西、河南、山东、湖北等地为银杏的主要产区。

（3） 银杏名称演变史

因地域与时代的变迁，银杏在我国有一系列的名称，如"枰""平仲""鸭脚""圣果""白果""公孙树"等。上述这些名称，有的象形其叶，有的象形其果，有的仅为誉称，有的系皇帝赐名，还有的只是显示其生长特点。

因年代久远，银杏名称也因年代的变迁而有所不同。在唐代及其之前，银杏被称为"枰""平仲"。宗教界称之为"圣果树"，一直流传至今，应是出于对银杏的尊崇之意，而不是正式名称。宋代有关银杏的记载开始增多，"鸭脚"与"银杏"成了银杏的正式名称，文人笔下的众多诗词可以佐证。"鸭脚"之名始自何时已无从查考，但"银杏"之名，则始于宋初皇帝的赐名。在宋代很长一段时间内，"银杏"和"鸭脚"的名称同时应用，民间可能多用"鸭脚"之名，但在宫廷则多用"银杏"之名。元代"鸭脚"之名虽有，但已渐渐泯没，"银杏"与"白果"成了主流称呼。明清之后，除了"银杏"和"白果"之名外，又增加了"公孙树"这个名称，但目前已很少应用。

除了以上的正式名称外，银杏还有"鸭掌子""飞蛾叶""佛指甲""佛指柑""灵眼""凤果"等地方名称，因流传地域范围有限，应用并不普遍。

1.2　银杏类别与品种

（1）　银杏分类问题回顾

1771 年，著名的瑞典植物学家林奈（Linnaeus）正式确定了银杏的学名为 *Ginkgo biloba* L. 。但由于银杏是一种高大的木本植物，管理粗放，呈半野生状态，所以长期以来植物界未将其作为栽培植物看待，种以下未再设立分类等级。当许多外国植物学家了解到中国银杏的生长状况后，陆续发现了银杏的一些变异类型，如裂叶银杏、斑叶银杏、黄叶银杏、垂枝银杏、帚冠银杏等。此后，在银杏分类上出现"百家争鸣"的混乱局面。直到 1966 年，英国植物学家赫尔逊（S. G. Harrison）根据《国际栽培植物命名法规》对品种（栽培变种）所下定义将银杏的这些变异类型全部划归为品种等级，但分类标准问题一直未得到有效解决。众多学者对我国各地银杏品种进行了大量调查和研究，并做了品种描述和记载。这些描述和记载，虽然都以种子和种核为基本标准，但在项目上却不够一致，在内容上也深浅有别，因此各地很容易出现同种异名或同名异种现象，造成品种分类的混乱。近年来，随着银杏市场需求扩大，我国各地对优良银杏品种日益重视，通过单株优选，在地方名优品种中又筛选出了许多性状优异的品种类型。

（2）　银杏类别与品种

由于缺乏统一的分类标准，我国银杏品种根据不同项目、用途等有如下几种分类方式。

① 按种核形状划分　由于历史上银杏的主要产品是种子，且银杏种子的性状比较稳定，可以根据种核的性状和产量、质量指标将银杏分为长子类、佛指类、马铃类、梅核类、圆子类五大类。

a. 长子类　种核纺锤状卵圆形，一般无腹背之分，下部长楔形。两侧棱线上部明显，下部仅见痕迹。品种有金坠子、橄榄果、粗佛子、圆枣佛手、金果佛手、叶籽银杏、余厂长籽、天目长籽、九甫长籽等。

b. 佛指类　种核卵形，腹背面多不明显。种核下宽上窄，两侧棱线明显，不具翼状边缘。品种有佛指、七星果、扁佛指、野佛指、尖顶佛手、洞庭佛手、早熟大佛子、野尾银杏、长柄银杏、小黄白果、青皮果、黄皮果、贵州长白果、长糯白果等。

c. 马铃类　种核宽卵形或宽倒卵形，上宽下窄。种核最宽处有不明显的横脊。种核先端突尖或乏尖，两侧棱线明显，中部以上尤显。品种有海洋皇、马铃、白果、圆底果、圆锥佛手、汪槎银杏、李子果等。

d. 梅核类　种核近卵形或短纺锤形，上下宽度基本相等。顶端圆秃，具微尖，两侧棱线明显，中上部呈窄翼状。品种有梅核、棉花果、珍珠子、眼珠子、庐山银杏等。

e. 圆子类　种核近圆形或扁圆形，腹背面不明显。一般较马铃为小，上下左右基本相等。上端钝圆，具不明显之小尖，两侧棱线自上而下均基本明显，并具翼状边缘。品种有大龙眼、团峰、葡萄果、算盘果、大核果、大圆籽等。

② 按栽培品种划分　按银杏栽培品种的用途与目的可以分为核用品种、叶用品种、观赏品种、雄株品种和材用品种五大类。

a. 核用品种　以生产白果为主，类似果树上的干果，是我国银杏栽培的主要经营目的，以大粒、早实、丰产、质优为选种目标。品种有家佛指、魁铃、大金果、洞庭皇、大梅核、海洋皇等。

b. 叶用品种　以叶片大、肥厚、浓绿，萌芽率高、发枝力强、节间短、短枝多，产量高、质量好为宜。此外，叶子的黄酮和内酯含量要高。品种有高优 Y-2 号、安陆 1 号、黄酮 F-1 号、黄酮 F-2 号、丰产 Y-8 号、内酯 T-5、内酯 T-6 等。

c. 观赏品种　以绿化、美化及观赏为主，主要通过叶形、叶色、干形、分枝、冠形、长势等加以分类。叶形有二裂、三裂、多裂、扇形、三角形、筒形和全缘；叶色包括浓绿、黄色、金黄、黄绿相间；冠形包括椭圆、伞形、纺锤形、窄冠形、塔形、圆柱形；干形包括圆满通直、低矮分枝、丛生形；分枝包括成层性强、分布均匀、分枝多。品种有黄叶银杏、叶籽银杏、金带银杏、多裂银杏、垂乳银杏等。

d. 雄株品种　类似果树中的授粉树，具备花期长、花粉量大、花粉活力高、亲和力强等特点。银杏属于雌雄异株，雄株品种对核用品种的早实、丰产有重要意义。品种有嵩优1号、广西早花等。

e. 材用品种　以培养木材为主而栽培的银杏品种，要求速生、丰产、优质。品种有豫宛9号、直干银杏S-31号、高升果等。

③ 按来源划分

a. 地方名优品种　是指具有较长栽培历史的地方名优品种，如泰山佛指、洞庭皇、郯城圆铃、金坠子、邳州马铃、大梅核、广西海洋皇等。

b. 农家品种　是指近年来各地技术人员和产区群众经过选育得到的一些优异品种类型，如聚宝、松针、泰山玉帝、今夏、金带、亚甜、宇香等。

（3）　重点品种介绍

1993年《中国果树志·银杏卷》出版时，我国的银杏品种正式定名者已达46个，而且优良品种类型还在不断涌现。据不完全统计，目前我国银杏品种应在100种之上。以下介绍的为部分银杏重点品种。

① 大果银杏　主产于湖北安陆、孝感、随州，广西灵川，河南罗山，安徽大别山等地。种实倒卵形，平均单果重11g，柄长4cm。种核肥大，倒卵形，略扁，边缘有翼，纵径2.6cm，横径2.2cm，平均种核重3.3g，每千克310粒，出核率29%，种核个大饱满，坐果率高。

② 大梅核　主产于浙江诸暨、临安、长兴，广西灵川、兴安，湖北安陆、随州等地，江苏邳州、山东郯城也有栽培。种实球形或近于球形，纵径3.0cm，横径2.8cm，平均单果重12.2g，柄长4.5cm。种核大而丰满，球形略扁，纵径2.4cm，横径1.9cm，平均单粒重3.3g，每千克300~420粒，出核率26%，出仁率75%。本品种种仁饱满、糯性强、抗旱、耐涝，适应性强，丰产性能较好。

③ 大佛手　主产于江苏吴中区，江苏邳州、浙江长兴、湖北孝感、河南罗山、安徽大别山也有栽培。种实卵圆形，纵径3.5cm，横径2.8cm，平均单果重17.6g，柄细，长约4.0cm。种核卵状长椭圆形，纵径2.9cm，横径1.7cm，平均单粒重3.3g，每千克310粒。出核率26%，出仁率75%以上。核大壳薄，糯性较差。耐涝、抗风性能较弱，大小年不明显。

④ 大金坠　主产于山东郯城、江苏邳州。种实长椭圆形，形似耳坠，故名。种实纵径2.9cm，横径2.4cm，平均单果重10g，柄较长。种核长椭圆形，纵径2.7cm，横径1.6cm，平均单粒重2.8g，每千克360粒，出核率25.4%。核大，壳薄，糯性强。速生丰产、耐旱、耐涝、耐瘠薄。

⑤ 大圆铃　主产于山东郯城、江苏邳州。种实近球形，纵径2.9cm，横径2.8cm，平均单果重13.7g，柄歪斜。种核短圆，纵径2.5cm，横径2.1cm，平均单粒重3.6g，每千克280粒，出核率26.1%。核大，壳薄，种仁饱满。树势强，生长旺，抗性强，生长快，结实早，高产稳产，对肥水条件要求高。

⑥ 佛指　主产于江苏泰兴，江苏邳州、山东郯城也有栽培。种实倒卵状长圆形，纵径3.1cm，横径2.4cm，平均单果重13.3g，柄细长，长约5cm。种核倒卵状长扁圆形，纵径2.7cm，横径1.7cm，种核平均单粒重3.3g，每千克310粒，出核率28%。核大，壳薄，品质优。

⑦ 洞庭皇　主产于江苏吴中区，广西灵川、兴安。种实倒卵圆形，纵径3.6cm，横径2.8cm，平均单果重17.6g，柄长4.3cm。种核卵状长椭圆形，纵径3.1cm，横径1.9cm，平均单粒重3.6g，每千克280粒。

⑧ 大马铃　主产于浙江诸暨、江苏邳州、山东郯城等地。种实长圆形，纵径2.6cm，横径2.3cm，平均单果重13g，柄宽扁，长约3cm。种核椭圆形，纵径2.2cm，横径1.6cm，平均单粒重3.4g，每千克300粒，出核率27%。种仁味甜、糯性好。

⑨ 大白果　主要产于湖北孝感。种仁饱满，味美，种核洁白，个头大且均匀。

⑩ 家佛手　产于江苏泰州、邳州，广西灵川、兴安等地，是近年来的一种新品种，丰产稳产，种核大，核仁洁白，商品价值高。

⑪ 黄皮果　主产于广西兴安，种核个头小，丰产稳产，种仁营养成分丰富，出核率和出仁率都比较高。

⑫ 小佛手　产于江苏苏州洞庭山。种子矩圆形，核平均重2.6g，大小为1.62cm×2.62cm×1.32cm。

⑬ 鸭尾银杏　产于江苏苏州洞庭东山。核先端扁而尖，形同鸭尾，多为实生。

⑭ 卵果佛手　产于浙江诸暨马店。种子形如鸡蛋，先端略小，中部以下渐宽；核大而丰圆，椭圆形或菱形，两端微尖。

⑮ 圆底佛手　产于浙江诸暨下度。种子矩圆形，两端均圆钝；核长椭圆形，先端微尖而基部圆钝，极丰满。

⑯ 橄榄佛手　产于广西兴安。种子长倒卵形，先端微圆钝，中上部最大，下部狭窄；核狭长椭圆形，先端圆，顶端尖，基部极狭窄。

⑰ 无心银杏　产于江苏苏州洞庭山。种子扁圆形，顶端圆钝而饱满，基部平而微凹；核宽卵状扁圆形，棱脊不明显，大小为 2.1cm × 2cm × 1.6cm，胚乳发育丰富而无胚，无苦味。

⑱ 桐子果　产于广西兴安。种子大，扁圆形，先端圆钝，基部宽；核近圆形，先端宽，钝圆无尖，基部较宽，两侧棱脊显著，底部鱼尾状。

⑲ 棉花果　产于广西兴安。种子椭圆形，先端钝圆，顶端有细的顶点凸起，顶点附近有"一"字或"十"字形的沟纹，种子基部较宽，常结双种子；核扁椭圆形，略狭窄，先端圆宽而尖，两侧棱脊显著，边缘尖锐，下部较狭，底部具一个或两个小凸点。

⑳ 垂枝银杏　枝条明显下垂、细长，随风摇曳，极其美丽。发枝力强，成枝力高，树姿优美，具有较高的观赏价值，可作为绿化景点的美化树种。

㉑ 垂乳银杏　主干上和主枝底部，长有众多倒垂的凸起物。倒垂凸起物为干生或枝生树瘤，实为银杏的不定根，形状似钟乳石，基部较宽、顶端钝圆似乳头，皮部银灰。具有学术研究和园林观赏价值。

㉒ 叶籽银杏　本品种特点为在同一短枝上有部分雌花直接坐落于叶片上，发育为带叶果球。在胚珠发育为果球的过程中，不仅胚珠坐落处的半片叶片日渐收缩，另一侧的半片叶片也极度收缩，待果球成熟时，似半片花附于球果基部，极为美观。

㉓ 斑叶银杏　叶片的正反两面，均具有黄、绿相间的鲜艳条纹，极为美丽。

㉔ 花叶银杏　叶片全部绿色，叶片中裂极深，可深达叶片基部，将叶片一分为二，在半个叶片中又有 1～2 深裂，深裂可达叶片中部，叶缘波状浅裂，呈开花状态。

㉕ 垂裂叶银杏　叶片全部绿色，叶片中裂不仅深达叶片基部，而且两半的叶片也具深达叶片基部的深裂，以致整体叶片呈散长形条片，且均作下

垂状态。

㉖ 金叶银杏　叶片全部呈金黄色，春季尤为明显，色泽十分可爱，叶裂较浅，不及叶片中部，叶缘浅波状，是观赏品种的精品。

㉗ 金丝/金带银杏　原产山东。定型叶叶形与常规叶形类似，扇形叶，叶缘波状，基部楔形，大多具一个裂刻，长宽为 5.0cm×2.5cm。该品种黄条纹在绿叶上相间排列，从叶基直到叶缘，一种条纹呈线状，宽度 1~2mm；另一种条纹呈宽带状，分布于叶子左侧或右侧，故称金带银杏黄条纹叶或宽带黄条纹叶，性状明显。

㉘ 大耳朵银杏　原产广西，雄株。定型叶心形，全缘，一个裂刻将叶子平分为两部分。裂刻长宽为 3.8cm×0.5cm。叶色浓绿，有别于其他品种，叶形较独特。一年生长枝叶明显大，且长短枝叶差异较小，短枝上的叶比一般品种大而均匀，叶柄较粗。

㉙ 直干（窄冠）银杏 S-31　雌性。叶子三角形，波状边缘，基部截形，大多一个裂刻长枝上叶长 6.63cm、叶宽 10.52cm、叶柄长 6.23cm，叶面积 43.97cm^2、鲜重 2.09g、叶重 0.70g、含水量 66.7%，叶基线夹角 119°。直立生长，主干明显。

㉚ 黑皮银杏　叶子心形，边缘波状。1~2 个裂刻，长宽为 2.5cm×2.0cm。当年长枝皮部黑色，并与褐色表皮相间分布或整条为黑色。

㉛ 大长头　主产浙江长兴。球果长圆形或广卵圆形，球果纵径 3.2cm，横径 2.5cm，纵横径比为 1.28，单粒球果平均重 10.9g，每千克 92 粒，出核率为 28%。种核大小平均为 2.65cm×1.73cm×1.45cm，单粒种核平均重 3.04g，每千克 300~350 粒，出仁率为 76.5%。种核较大，洁白，商品价值高。结实早，丰产稳产。

㉜ 大圆头　主产浙江长兴。球果圆球形，球果纵径 2.8cm，横径 2.8cm，纵横径比为 1.00，单粒球果平均重 11.0g，每千克 91 粒，出核率为 26.5%。种核大小平均为 2.30cm×1.83cm×1.50cm，单粒种核平均重 2.95g，每千克 320~360 粒，出仁率 76.5%。该品种大小年不明显，种仁清甜，品质优良，丰产性能强。

㉝ 大钻头　主产浙江长兴。球果长卵圆形，球果约纵径 3.0cm，横径 2.5cm，纵横径比为 1.2，单粒球果平均重 10.6g，每千克 94 粒，出核率为 25%。种核大小平均为 2.45cm×1.70cm×1.45cm，单粒种核平均重 2.65g，

每千克360～420粒，出仁率为75.5%。白果壳薄色白，质地细腻，味美甘甜。

㉞龙潭皇　主产大别山区新县等地。种实近球形，成熟时外种皮橙黄色，披白粉。种核椭圆形或椭圆状卵形，平均单核重4.03g，每千克248粒左右，出核率2.9%。该品种种核肥大饱满，大小均匀，色白微黄。种仁品质优良，黄绿色，具有较浓的糯香味及松性，口感好。早实、丰产、稳产，嫁接后3～5年即可挂果。

㉟新银8号　主产大别山区的新县、罗山、信阳及伏牛山区。种实阔椭圆形，成熟后外种皮黄绿色，密披白粉。平均单核重3.34g，每千克30粒左右，出核率29.0%。该品种丰产性能好、产量高，大小年不明显。种核洁白，大小均匀；种仁味美宜食，糯性大。

㊱处暑红　主产大别山区新县，其他地区也有栽培。种实长圆形或卵圆形，成熟时外种皮橘红色。平均单核重2.76g，每千克360粒左右，出核率27.3%。该品种为早熟品种，丰产稳产性能好，外种皮秋季橘红色。

㊲大白果　全国分布范围较广。树冠塔形，树势旺盛。种实近圆形，成熟时外种皮黄色。平均单核重2.89g，每千克345粒左右，出核率27.4%。该品种丰产稳产性能好，种核大而饱满，壳薄，出仁率高，种仁味美甘甜。

㊳黑白果　主产伏牛山区的嵩县。种实卵圆形或扁圆形，成熟时外种皮暗褐色。平均单核重1.89g，每千克530粒左右，出核率25.2%。该品种外种皮暗褐色，实为罕见，种仁味较苦，有较高的药用价值。

㊴串白果　产于大别山区及伏牛山区。种实长椭圆形，成熟时外种皮淡黄色。平均单核重1.92g，每千克520粒左右，出核率23.8%。该品种丰产性能好，一柄双果、三果较多，每短枝坐果6～8个或更多，串状着生，类似葡萄，百年生大树的主干上，粗大的侧枝上均有成串的种实。

㊵八月黄　产于豫西伏牛山区及豫南大别山区。树冠卵圆形，大枝开张，树势生长旺盛。种子大小中等，扁圆形，纵径2.41cm，横径2.48cm，外种皮橘黄色，密被白粉，种柄长3.1～3.9cm，多二种并生，平均单种重9.17g。种核卵圆形，长1.95cm，宽1.66cm，厚1.3cm，先端圆钝，平均单核重2.13g，每千克种核470粒左右，出核率23.2%，出仁率76.0%。该品种丰产稳产性能好，品质优良，为河南省主要栽培品种之一。

参 考 文 献

[1] 朱天文，刘良源. 公孙树——银杏的保护措施 [J]. 江西科学，2017，35（5）：713-715.

[2] Rui G, Zhao Y, He Z, et al. Draft genome of the living fossil Ginkgo biloba [J]. GigaScience, 2016, 5（1）: 1-6.

[3] 梁立兴. 中国银杏药用史 [J]. 中药研究与信息，1999，（3）：44-45.

[4] 汪志. "植物园老" 话白果 [J]. 内蒙古林业，2017，（12）：37.

[5] 徐立昕. 宋代文人的银杏书写 [J]. 社会科学家，2016，（2）：146-150.

[6] 杨文利. 北京古树名木与生态文明 [C] //北京史与北京生态文明研究，2015：80-101.

[7] 关传友. 银杏崇拜习俗探析 [J]. 六安师专学报，2000，16（1）：41-44.

[8] 关传友. 中国园林银杏造景史考 [J]. 古今农业，1998，（1）：39-42.

[9] 焦自龙. 世界五大行道树 [J]. 园林，2017，（7）：55-57.

[10] 牛昕. 银杏在长治市园林景观营造中的应用 [J]. 内蒙古林业，2017，（11）：20-21.

[11] 王厚宇. 晚清著名画家钱冰《云台胜境图》[J]. 公关世界，2017，（18）：37-39.

[12] 肖永春. 银杏木雕的现状与发展 [J]. 美术教育研究，2016，（9）：29.

[13] 贾飞，许雪冰，陈晓磊，等. 银杏树的盆景制作技术 [J]. 农民致富之友，2015，（7）：108.

[14] 李娅娜. 银杏盆景的设计 [J]. 现代农业科技，2015，（23）：167，170.

[15] 杨春梅，徐添添. 贵州省妥乐村农旅一体化发展研究 [J]. 中国集体经济，2017，（27）：7-8.

[16] 肖育文. 梦幻银杏村 [J]. 今日民族，2014，（5）：15-17.

[17] 张勇. "生命的纪念塔" ——郭沫若的银杏之寓 [J]. 博览群书，2016，（8）：43-47.

[18] 田鑫. 畅游浮来银杏情 [J]. 农电管理，2017，（2）：69-70.

[19] 陈亮. 迷人的政和大岭银杏群 [J]. 福建林业，2014，（6）：10.

[20] 徐红波. 庐山 "三宝树" [J]. 森林与人类，2016，（12）：69-70.

[21] 张云山. 贵州 "白秀才" 古银杏 [J]. 国土绿化，2016，（12）：40.

[22] 李红梅. 徽县银杏资源及优良品种简介 [J]. 甘肃农业，2006，（3）：18.

[23] 梁红，冯颖竹，王英强，等. 广东银杏资源调查初 [J]. 报农业与技术，2002，22（6）：75-79.

[24] 郭善基. 银杏优良品种及其丰产栽培技术 [M]. 北京：中国林业出版社，1996：1-17.

[25] 梁立兴. 中国当代银杏大全 [M]. 北京：中国林业大学出版社，1993：1-67.

[26] 刘永卓. 探知远古世界揭秘生命演化——2016 年度中国古生物学十大进展发布 [J]. 化石，2017，（2）：2-10.

[27] 陈凤洁，樊宝敏. 银杏文化历史变迁述评 [J]. 北京林业大学学报（社会科学版），2012，11（2）：28-33.

[28] 靳之林. 生命之树与中国民间民俗艺术 [M] 桂林：广西大学出版社，2002：12，78，170.

[29] 莫容，胡洪涛. 说说咱北京的银杏树 [J]. 中国花卉园艺，2003，（17）：46-47.

[30] 周正华，杜安全，王先荣，等. 安徽省不同产区不同栽培品种银杏叶总内酯含量的研究 [J]. 世界中医药，2013，8（4）：448-449.

[31] 殷智，郜红莉. 恩施州古银杏资源及品种调查 [J]. 湖北民族学院学报（自然科学版），2000，18

（1）：37-39.

［32］宋洋，于志斌，尤晓敏，等．我国银杏叶提取物市场发展现状、挑战与对策［J］．中国新药杂志，2015，24（23）：2651-2655.

［33］李晓杰，唐德瑞，何佳林．陕西不同品种银杏叶水解氨基酸的测定与分析［J］．西北林学院学报，2011，26（1）：131-133.

［34］郭善基．中国果树志：银杏卷［M］．北京：中国林业出版社，1993：8.

［35］蒋拥军，梁立兴．中国银杏栽培技术史考［J］．山东林业科技，2006，（5）：72-73.

［36］福斯特 A S，小吉福德 E M．维管植物比较形态学［M］．北京：科学出版社，1978：362-364.

［37］李健，刘克长．银杏品种的确立和选育［J］．山东农业大学学报，1999，30（2）：121-125.

［38］梁立兴．银杏品种资源分类问题的探讨［J］．中国野生植物资源，1966，（1）：16-19.

［39］赵士洞．国际植物命名法规［M］．北京：科学出版社，1984：13-23.

［40］何凤仁．银杏的栽培［M］．南京：江苏科学技术出版社，1989：18-31.

［41］曹福亮，郑军，汪贵斌，等．高温胁迫下 14 个银杏品种的耐热性［J］．林业科学，2008，44（12）：35-38.

［42］吴岐奎，邢世岩，王萱，等．核用银杏品种遗传关系的 AFLP 分析［J］．园艺学报，2015，42（5）：961-968.

［43］刑世岩．中国银杏种质资源［M］．北京：中国林业出版社，2013：17-28.

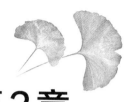

第2章
银杏栽培繁殖技术

2.1 银杏形态特征及生长习性

栽培银杏，首先要认识银杏的生物学特性，了解各器官的形态特征和本身的生长发育规律，熟悉并掌握银杏生物学特性与外界环境条件的关系，并根据银杏的生长发育特点和当地的具体情况，制定出正确的栽培技术措施，以尽快获得更高的经济效益、社会效益和生态效益。

一棵银杏树由许多不同的器官构造而成，总体分成两大部分：地下部分和地上部分。地下部分是根系，地上部分包括主干、枝、叶、芽、花、果实等。

2.1.1 根系

银杏树的根分为主根、侧根、须根，形成了一个庞大的根系。

根系是树体的重要组成部分，其主要功能就是把整个树体固定在土壤中，并从土壤中吸取生活所必需的水分和养分，同时贮存生命活动所需要的各种营养物质，产生根蘖，起到繁殖和更新的作用。因此，培养强大的根系，是使银杏生长发育良好的重要措施之一。

（1）根系的分布

一年生幼苗，主根生长粗壮，垂直向下延伸，侧根较短，倾斜向下延伸。二年生树苗根系生长加快，斜生根和水平根生长也加快。50年以上的大树，根系的深度一般可达 1.5m 左右。如果土层肥沃深厚，土壤有机质含量丰富，地下水位较低，通气性良好，土壤空气含氧量高，pH 值在 7 上下时，在科学栽培条件下，成龄大树主根可深入土层 3～5m。主要的吸收根层分布区在 60～100cm 范围内。根幅一般情况下大于冠幅，甚至是冠幅的 2 倍左右。根系分布的深度和广度，常与树龄、品种、栽培方式、土壤条件和管理水平有直接的关系。

将 20 年树龄的银杏树作为绿化树挖掘销售时，发现垂直根深已经超过

1.6m，细根集中分布在80cm以上的土层中，尤以20～60cm范围内最多，约占75%以上。

（2）根系的生长规律

由于各地的经纬度不同，海拔高度不同，地形土质不同，在一年之中，根系开始生长和停止生长的日期也不一样。长江流域以南，根系3月上旬开始萌动，12月上旬开始停长，生长期约250天。我国北方地区，由于气候的影响，根系开始生长较晚，停止生长也早。

一年之中，银杏根系生长有两个高峰期，第一个生长高峰期出现在5月上旬至7月中旬，持续时间较长，约70天。此期根系生长量较大，整个树体对养分和水分的需求量也最大。第二个生长高峰期出现在10月上中旬至11月下旬，持续时间较短，约55天，生长量也较小。此期出现在白果采收之后，以及树体增高增粗的缓慢时期，这时树体养分集中，有利于根系生长。

树上的枝叶生长和树下根系生长是对立的，由于10月上中旬气温较低，地温缓慢降低，树上叶片开始变黄，叶片光合作用完全停止，树体内的养分开始产生"回流"现象，枝叶完全停止生长，因而会出现根系第二个生长高峰期。

2.1.2 干和枝

银杏树属于高干、瘦冠树木，树冠最高可达40m，是雌雄异株，极个别也有雌雄同株现象。银杏树生长缓慢，特别是定植后的两三年内，每年只能抽生20～50cm长的枝条，四五年以后生长将逐渐加快。

银杏树属于生长慢、结果迟、寿命长的果树，为落叶乔木，树干挺拔，端直高大。幼树期间，树皮光滑，浅灰色；成长为大树之后，树皮灰褐色，整个树干呈不规则的纵向裂纹，韧皮比较粗糙。

枝条分生角度的大小，直接影响着树冠扩大的快慢。实生树的枝条开张角度小，树冠多为圆头形、圆锥形或塔形；而嫁接后分生枝的角度大，树冠多为开心形、椭圆形或纺锤形。

银杏树的枝、干，可分为主干、主枝、侧枝和发育枝。所有枝条分为长枝和短枝两种。幼树期间，大多为长枝，随着树龄的增加，短枝量逐渐增加。一旦大量结果后，银杏树的长枝抽生量、生长量均逐渐减少，短枝既可以直接生长在长枝上，也可生长在主干上或主枝、侧枝上，以短枝结果为主。

银杏树的基部很容易萌发根蘖枝，萌蘖上的腋芽可以抽生长枝，长枝上再生分枝，自然形成一个个小型树冠。在没有进入结果期之前萌蘖较多，成龄结果以后，发生萌蘖逐渐减少，萌蘖枝是分株繁殖的最佳选择。

银杏树每年只抽生一次枝，没有春梢、夏梢、秋梢之分。主枝、侧枝、副侧枝上面都可以抽生短枝，待结果后，短枝容易枯死。扩冠延伸枝多为长枝，大多是从二年生枝的先端萌发抽生新枝。多年生枝的中后部，抽生枝条多为细弱枝，细弱枝上也能抽生弱小的结果枝。

一个长枝上可以分生好多个短枝，因此，即使枝龄老化也不要进行短截更新，这是银杏树不同于其他果树的独特之处。由此可见，银杏树的结果枝组比较稳定，虽然生长量不大，但是连续结果能力很强，容易培养，延长结果年限。

银杏树有一奇怪现象，即在长枝和短枝中，生长方式是可以逆转的。短枝可以突然转变为长枝，反之，长枝的顶端生长势，可以逐渐减缓。这是由于在长枝中产生的生长素，抑制着腋芽发育成长，而形成了短枝。

短枝能否成为结果枝，首先与树体营养状况关系很大。树体健壮，养分积累多，生长充实，就能形成结果枝，并于其上抽生叶片和成花结果；树体营养积累少，枝条不充实的，只能着生叶片，不能成花结果。其次与枝条的生长状况有关，一年生发育枝，基部腋芽充实时，第二年就可以形成短枝结果。随着枝龄的增长，短枝逐渐充实结果，以 3~12 年生枝龄基础上的短枝结果能力最强，随后，结果能力逐渐衰退。同一基枝上的短枝，也有交替结果现象，但也有少数短枝既能结果，又能抽生发育枝。如果结果后，不加强肥水管理，第二年短枝由于养分不足，不能开花结果，只能抽生一些叶片。

银杏树在一年中生长期较短，停止生长也早。已结果的成龄树，至 6 月中旬就停止生长，生长高峰出现在 5 月初至 6 月初，约 30 天，未结果的可延迟到 6 月下旬至 7 月初才停止生长。新梢加粗生长延续时间比较长，达 200 天左右，即从 4 月中下旬开始到 11 月下旬结束。加粗生长高峰期出现在 5 月下旬到 7 月下旬，为 60 天左右。

无论是幼龄树还是已经结果的大树，一年生枝条萌发力都很强。但是，不同树龄的树，其枝类构成也不同。比如10年生以内的幼树，一年生枝条形成的长枝最多，占总发枝量的70%左右，叶丛枝占20%左右。50年生以上的结果大树，一年生枝条抽生长枝仅占10%，而叶丛枝占总发枝量的85%以上。

银杏树进入结果年龄后，其延长枝中下部的腋芽，第二年抽生短枝，冬季落叶后变为"短枝台"。顶端形成混合芽，第三年顶芽抽生结果枝，在叶腋间开花结果。每年抽枝结果后，变为短果枝台，顶芽外部有苞片保护，发芽后苞片脱落，留有线状苞痕。

银杏树抽生枝条有一个非常明显的特点，即延长枝与顶侧枝（除了顶端数芽抽生长枝外）每枝条上的腋芽都可抽生短枝，并可每年连续结果。在基部枝条上的腋芽，抽生的短枝极短，仅簇生数片叶片，这是树体上营养竞争造成的，由于光照条件和营养条件较差，容易干枯死亡。

2.1.3　芽和叶

银杏树长枝和短枝上的休眠芽，被一些紧密覆盖着的芽鳞保护着。冬季休眠芽呈黄褐色，卵圆形，先端纯尖，在每一个叶腋间生长着腋芽，腋芽常在第三年才能发育成短枝。

叶片是银杏树进行光合作用、制造和贮存有机营养的重要器官。叶片在长枝上辐射状散生，在短枝上3~5片呈簇生。银杏树的叶形多为扇形，有细长叶柄，犹如一把打开的折叠扇。春夏，叶片翠绿；深秋，叶片变为金黄色，落在地上，金光闪闪，犹如金黄色的地毯。

银杏叶片具有较强的抵御各种病原菌侵染的能力，这就是银杏树体经久不衰，能成为树木中"元老"的重要原因。有研究者做过试验，将某些病原菌的芽孢接种在银杏叶片表面，在适宜的温度和湿度条件下，芽孢虽然在叶表面萌发，并分生菌丝，形成菌丝体，但是，菌丝却不能穿透叶面角质层侵染到细胞内部，不但被接种病原菌的叶片没有丝毫受损害，而且叶片的细胞壁还能增厚。科学家们还在研究中发现，银杏叶化学成分复杂，包括黄酮、萜内酯、酚酸、聚异戊烯醇等，其中有一些苷类和有机酸类化合物可起到抑菌杀虫的作用。

2.1.4 花和果实（种子）

凡是禾本植物，从种子发芽到全树体干枯死亡，大体上都经历着一个从幼龄期到达生理成熟期，然后进入衰老期的发育过程，而银杏的每一个生理阶段时间都是漫长的。

银杏树幼龄期间以营养生长为主，生长旺盛，地上部分组织与地下根系迅速延伸扩大，这一时期是全树体形成的重要时期。当树木达到一个生理阶段时，开始从营养生长转化为生殖生长。这一过程的显著表现就是开花。正常的开花标志着幼龄期的结束，成龄期的到来。

（1）花

银杏树生长到一定的阶段，营养物质积累到一定数量以后，在诱导激素和外界条件的作用下，顶端分生组织就朝着开花的方向发展，开始形成花原基，再逐渐形成花，这一过程，在植物学上叫做"花芽分化"。

银杏花为单性，生于短枝顶端的鳞片状叶腋内，呈簇生状。雄球花柔荑花序状，下垂，雄蕊排列疏松，具有短花柄，花药2个，长椭圆形，药室纵裂。雌球花具长花柄，柄端常分两叉，个别的也有3~5个叉的，还有不分叉的，每叉顶生一盘状珠座，胚珠着生其上，通常仅一个叉端的胚珠发育成种子，内媒传粉。

银杏大多为球花雌雄异株，少数为雌雄同株。雌花序上着生1~8朵雌花，每一雌花有一珠柄，顶端通常有两个胎座，每一胎座上着生一个胚珠。胚珠的珠孔下面有一空隙，充满液体，称为花粉房。当花粉粒到达后，萌发出花粉管，成熟时破裂，释放出两个螺旋状生满纤毛能游动的精子，游动于花粉房中，花粉房内的液体蒸发，逐渐将精子吸向下方，与两个藏卵器中的卵子结合，这就是授粉受精的过程。

（2）果实（种子）

银杏果从授粉到成熟大约需要4个月，果实生长大体分为两个高峰期。第一个高峰期出现在整个6月份，第二个高峰期出现在7月上中旬至下旬，大约有25天。因种子生长期正是新梢停止生长和外种皮生长缓慢期，此时大量养分用于种子生长发育，有利于形成饱满的种子。

银杏，又称白果，既是果实又是种子。呈核果状，椭圆形至圆球形，长25～35mm。外种皮肉质，有白粉，成熟时黄色或橙黄色；中种皮骨质，白色；内种皮膜质，胚乳丰富。银杏果成熟期在9月份前后，成熟后果实呈金黄色，表面上有白色小点分布。

2.1.5 生长习性

银杏树的年生长发育规律，与一年四季气候的变化有直接的关系。在形态上和生理机能上，各种生命活动现象都按着一定顺序产生，在正常情况下不会逆转，如根系生长、萌芽、新梢生长、果实发育、花芽形成、自然落叶、休眠等，这在果树栽培学上称为果树的"生物气候学时期"，简称"物候期"。

我国银杏分布地域广，又因物候期受多重因素的影响，很难表现出一致性。根据皖北砀山县银杏基地的调查和观察，银杏物候期除受当年气候的影响外，还受品种、类型、实生树、嫁接树、雌株、雄株、小气候、海拔高度、经纬度、植株营养状况等多种因素的影响。

根据多年的观察记录，一般气候正常年份萌芽期，早熟品种为2月25日至3月11日；中熟品种比早熟品种推迟萌芽13天，为3月7日至3月17日；晚熟品种则比中熟品种提前萌芽5天，为3月2日至3月14日。

果实成熟期，早熟品种为8月27日；中熟品种为9月7日，比早熟品种推迟11天；晚熟品种为9月22日，比中熟品种推迟15天；而比早熟品种推迟26天。

（1）根和叶片的关系

经过多年的观察、研究和分析，银杏幼龄期间生长缓慢的原因，主要在于根系。因为银杏树栽植后，当年或第二、三年根系生长的少，树上的枝叶量就少，而叶片的主要功能，是吸收空气中的二氧化碳和水，利用太阳光的作用，生成碳水化合物，并放出氧气，这一过程称为光合作用。

叶片光合能力的强弱，主要取决于叶面积系数（单位土地面积上的总叶面积与单位土地面积的比值）的大小。叶面积系数是衡量群体结构的一个重要指标，系数过大影响树冠内通风透光，过小不能充分利用日光。叶面积系数的大小，与树龄、树势、根系生长情况有直接的关系。树龄小，根系不发达，枝叶量少，叶面积系数小；随着树龄的增长，根系发达，叶面积系数则逐渐增大。树势弱，根系生长缓慢，枝条纤细，叶片少、小而薄，颜色淡黄，叶面积系数则小；树势生长旺盛，根系发达，树上枝叶量大，叶面积系数则大。

在植物界里有一句话："叶靠根长，根靠叶养。"叶片通过光合作用制造出光合产物，光合产物就是银杏根的"食粮"。根只有得到足够的光合产物供应，才能生成大量的根系，只有根系发达，才能大量吸收地下矿质元素和水，及时供应树上的枝叶，促进嫩叶的萌发和叶片的扩展、增厚、颜色变为深绿色，（这是健壮叶片的标志）。叶片的数量多了，叶面积系数才能增大，光合能力才能增强，才能制造大量的光合产物供应根系，银杏树才能加快生长。

（2） 营养物质的运转

银杏树体内营养物质的运转，是按照一定的规律进行的。

银杏树除了枝叶、果实具有一定的吸收养分的能力外，主要是以根系从土壤溶液中吸收各种营养元素和水，合成有机物质，经过主干、主枝等木质部的导管向上运输到叶、花果中，进行生长的。

而树上叶片通过光合作用制造的光合产物（有机营养），通过所有枝干韧皮部的筛管向下运往根系，供给所有根系的吸收利用。在根系生长吸收过程中，以须根（根毛）吸收能力最强。细根又称为过渡根，可以逐渐加粗，成为输导根。主根和侧根，以及过渡根都是输导组织，起到运输传导树体营养物质的作用。

根系能否正常有效地从土壤中吸收养分，并将这些养分有效地输送供给树上叶果，这与根系得到的光合产物多少、根系的吸收功能，以及树体内代谢能力有直接的关系。

（3） 银杏生长发育与环境条件的关系

① 温度　温度包括两个方面：一个是空气温度，简称气温；另一个是土壤温度，简称地温。

温度是影响银杏地理分布和生长发育的主要因素之一，它决定着树体的生长发育过程及其生理机能活动，对光合作用、呼吸作用、蒸腾强度都会产生重要的影响。

银杏适宜生长在温带、亚热带的气候，在年平均气温 8～20℃的地区都可以栽植。但是，还是以在年平均气温 16℃的地区生长最适宜，银杏生长或产业发展地区的年平均气温大多在 14～18℃。在这个温度范围内，冬季不会发生冻害，夏季也不会发生日灼现象，基本上可以正常生长。

银杏对温度的要求一般为萌芽期平均气温应在 8℃以上，枝叶生长应在 12℃以上，开花期间应该在 15℃以上。

在土壤含水量适宜，10cm 深处的地温 6℃以上时，根系开始活动。25cm 深处的地温 12℃以上时，开始产生新根。以后随地温的逐渐增长，新根逐渐增多，15～18℃时新根最多，20℃以上时又增长缓慢，23℃时根系生长受抑制。

银杏树休眠期的耐寒能力较强，温度降至 -18～-20℃时，也不会发生冻害，甚至可以耐短期 -32℃的低温。但是，已经萌发的银杏枝芽，不耐 -2℃的低温。

② 光照　光照是银杏叶片进行光合作用、蒸腾作用，制造有机物质的必需条件，与同化作用密切相关。银杏也和其他果树一样，90%～95% 的干物质是通过光合作用获取的。光照对树体生长影响很大，光照不足，光合作用强度低，有机养分积累的少，新根产生也少，导致树势衰弱，病虫害加重。

在一天中，银杏光合作用强度从早上开始逐渐上升。9：00～13：00 保持着稳定的强度，15：00 达到高峰，以后逐渐下降。温度和光照是银杏进行光合作用的重要条件。在一定范围内，光合作用的强度随着光照的增强和温度的升高而加快。但是，高温和强光对光合作用有抑制作用。一般来说，当光照增加过多时，叶面温度相对升高加快，从而加快了呼吸作用，使有机养分消耗也加快。通常温度升高时，呼吸作用强度增加的速度比光合作用强度增加的速度快得多，这样一来，净光合强度（光合作用强度减去呼吸作用强度）相对减小，对养分积累非常不利。光合作用强度常随四季变化、早晚、天气阴晴等气象因子的变化而变化，也常随着叶幕厚度的增加而减弱。

由于树冠外围较内膛光照充足，有机养分容易积累，碳氮比相对较高，因此，雌株花芽容易形成，结果枝组较多，坐果率也比较高，并且果实粒大品质优。相反，内膛光照不足，有机养分积累少，碳氮比相对较低，花芽形成量少，结果产量低，易落果，形成的枝条纤细，易枯死，结果部位外移。

光照充足与否对产量的影响很大，光照不足，枝条不充实，花芽分化不良，花质差，坐果率也低。花期和幼果期阴雨天过多，生理落果严重，导致产量下降。一棵树的南面光照充足，结果数量显著比北面多。

③ 水分　水分是构成银杏树体的重要组成部分，枝、叶、根中水分约占 40%~60%，果实中约占 80%。水参与银杏树各种物质的合成和转化，也是维持细胞膨压、溶解土壤矿质营养和平衡树体温度不可缺少的重要因素。

虽然水分在银杏树体内起着如此重要的作用，但是，从根部吸收的水分，被利用于合成碳水化合物的仅占 2%~3%，其他部分都从叶片蒸腾到大气中去了。银杏叶片大、叶片多，蒸腾量相对也大，因此，需要的水分也多。

银杏根系在土壤中呈均匀分布，因此，银杏对水分和养分的吸收能力特强，为抗旱能力较强的果树。在年降水量 900mm 以上的地区，生长期的大树一般不需要灌溉。在苗期和幼果期，当强大的根系形成以前不需要抗旱，因此在移栽过程中，切忌根部晾晒。栽植后，根系遭到破坏，吸收能力降低，为了维持树体水分平衡，应将各类枝适当剪去一些，并及时浇水。

降水直接影响着土壤含水量，同时降水也影响着温度和光照的变化。降水过多对银杏的生长发育不利，花期和幼果期阴雨连绵，光照不足，易引起授粉不良和生理落果，而且花芽分化不良，直接影响第二年的产量。其他时期阴雨过多时，枝条纤细，易染病虫害。生长期过于干旱，营养吸收和水分吸收都发生困难，有机养分制造受阻，不但树体生长量少，而且会造成大量生理落果和果粒变小。

银杏呼吸量较大，对缺氧环境的忍耐力较弱，所以干旱天气要比连阴雨天对银杏树生长有利。长期积水会使根系窒息，丧失吸收功能，地下水位过高，生长也会受到影响。因此，银杏适生于土壤水分偏低的地区。

④ 土壤　土壤是银杏树生存的基础，因其所需的矿质元素和水分主要从土壤中吸收。土壤条件直接影响着银杏树体的生长和果实的产量。由于土壤质量有差异，其保肥保水能力和通气性也存在差异。因银杏树根系庞大，

吸收肥水的范围广，所以对土壤的选择也不严格。但以地下水位不超过1m，土层深厚，保肥保水能力强的壤土或沙壤土最理想。

银杏对土壤酸碱度的适应范围很广，从微酸性到微碱性，即pH值4.5~8.5内均可生长，尤以pH值6~7.5最适宜。

⑤ 风　微风和小风可以促进空气流动，有利于叶片呼吸，也可调节空气温度和湿度，增强蒸腾作用，促进根系吸收，提高光合效率，解除辐射和霜冻的威胁，辅助银杏授粉，对促进银杏树生长，提高果实产量和品质都有利。

当展叶不久，新梢尚未木质化以前遇到强风，新梢常被吹焦。嫁接苗接口处没有完全愈合前遇到强风，接口处容易折断。

8~9级的大风对百余年生以上的大树，也能带来危害，能把大枝折断，使树形残缺不齐。

此外，早霜、晚霜、大雾、冰雹等对银杏树的生长发育和产量也有一定的影响。

2.2　银杏繁殖方法及栽培技术

2.2.1　繁殖方法

银杏树的繁殖方法可分为四种：扦插、分株、种子繁育、嫁接。

（1）扦插

扦插就是在多年生大银杏树上，剪取下枝条，插入土壤中，使枝条在土壤中生根、发芽，形成一棵新的小树。扦插又分为老枝扦插和嫩枝扦插。

老枝扦插适合在春季进行。从大树上选择生长健壮的枝条，剪截成20~25cm长的插条，剪好后用清水冲洗干净，再用ABT（1-氨基苯并三唑）生根粉浸泡，然后插入整理好的土壤中，大约一个月后就开始生根发芽。

嫩枝扦插一般是在5、6月份进行。将当年生的嫩枝剪下，剪成20cm左右长的枝段，扦插在容器内，每隔三天换一次清水，直到萌发出新根，然后再迁入调理好的土壤中。

（2） 分株

分株繁殖，就是利用银杏根茎萌生的根蘖苗（枝）进行分株。

幼龄期的银杏树，几乎普遍萌发根蘖枝。从定植的第二年开始，直至十多年内，每年都要在根茎周围萌发好多根蘖枝，这是银杏树的生理特性。随着树龄的增长，树干加粗，树冠的枝叶量茂盛，叶片的蒸腾拉力增强，根系吸收的营养物质全部运往树上，这时根茎周围的根蘖枝，由于难以截取根系的营养物质而逐渐消失。

分株具体的方法，就是将银杏树根茎周围的土扒开，用锋利的铁锹等，将根蘖枝从根茎上分切出来，分切时一定要带些树根，然后栽入土壤中。这种方法简便、经济，成活率高。

（3） 种子繁育

秋季，银杏果成熟后，收取种子，并将种子去皮晒干，在早春播种比较适宜。播种前，首先施足基肥，将土地精耕细作，伏垄起畦，防止苗圃积水。可采用宽窄行点播，宽行 40cm，窄行 20cm，株距 8cm，播种沟深 3 ~ 4cm。覆土不要过深，以 2 ~ 3cm 为宜，用脚踏实即可。如果覆土过深，发芽后幼苗不易出土，或者出土后也生长不旺。

春天播种以后，为了提高发芽率，保持苗圃土壤水分，提高土壤温度，达到苗齐苗壮，可采用塑料薄膜覆盖栽培。

生长一年的树苗，高度一般在 30cm 左右，就可以开始移栽。

（4） 嫁接

① 接穗采集　凡是以生产银杏果实为主的银杏园，必须配置 1/10 的雄树作为授粉树。无论从雌树还是雄树上采集接穗，都应在树龄 20 ~ 40 年的强壮树上，选择发育充实、芽子饱满、品种优良的一年生枝条进行采集。将采集下来的枝条，剪截成 7 ~ 10cm 长，用蜡封口，以免消耗营养。

② 嫁接时期和方法　银杏的主要嫁接方法如下：

a. 劈接　又称为枝接，接穗 7 ~ 10cm 长，剪口用蜡封顶，留 2 ~ 3 个芽向下削，伤口外厚内薄，削面平直光滑，和砧木形成层对齐，包扎严密。如果是苗木嫁接，嫁接后用土培成土堆，堆高超过接穗，发芽后芽子能自动钻出土面。

b. 插皮接　在接穗底芽下的背面 0.5cm 处向下削一长 3～4cm 的斜面，接穗下端削去 1/4 左右，在另一面下端削一个长 0.5cm 的斜面，在接穗下端两侧各轻削一刀，形成尖顶状，然后在长斜面两侧各轻削一刀，但仅削去皮层，露出形成层。

选砧木适当部位剪断或锯断，削平剪锯口。削砧木插接穗，选皮层较光滑的一面，在锯口下 0.2cm 处向下纵切一刀，深达木质部，然后从刀缝处向两侧挑开，把接穗的长削面对向木质部，并轻轻向下插入，接穗上部可稍"露白"。

包扎时用一条长 40～50cm、宽度为砧木直径 1.5 倍的塑料条，将切削口包严，特别要注意将砧木的切口和接穗露白处包扎严，避免漏气，下雨进水。这样可以防止切削口处水分蒸发，又可固定接穗，使接穗和砧木切削口之间紧密相接。

c. 银杏嫩枝嫁接　指在生长季节，采用当年生嫩枝作接穗进行嫁接繁殖。此种嫁接方法比硬枝嫁接成活率还高，新梢比芽接的生长量大，同时嫁接时间较长，是一种高效益的嫁接技术，其技术要点如下：

（a）嫁接时间　6～9 月份均可，但以 6 月中旬至 8 月上旬嫁接效果较好。此时嫩枝粗壮充实，所含养分丰富，接口愈合快，成活率高。宜阴天和晴天低温时进行嫁接，高温天气和雨天不宜嫁接，影响成活。

（b）接穗准备　从良种采穗园的优良母树上采集接穗，剪去叶片，保留短叶柄，捆成小把，其基部用湿布保湿。随采随接，当天接不完的应置于冰箱或冷凉通风处保湿贮存。

选择 2～3 年生的实生苗、扦插苗和根蘖苗作砧木，砧木要求生长健壮。嫁接方法，可参考劈接。

（c）接后管理　嫁接后半个月检查是否成活，叶柄一触即落者为成活，对未成活者必须及时补接，接口完全愈合后要解除绑带。及时抹除砧木萌芽，促进嫁接芽的正常生长。接穗新梢长至 25cm 左右时，要插杆绑缚，以防止其被风吹折。

d. 芽接　从枝上削取一芽，略带木质部，插入砧木上的切口中，并予绑扎，使之密接愈合。

先在接穗芽上方0.5cm处向下斜切一刀，再在芽下方0.8cm处，斜切到第一切口底部，取下带木质部芽片，芽片长约1.5cm左右，按照芽片大小，在砧木上由上而下切和接穗近似的切口，略比芽片长。将芽片插入砧木切口中，然后用塑料膜绑紧即可。

银杏树春、夏、秋季都可以嫁接，但由于各个季节的气温不同、生长反应不同，嫁接的方法措施也不一样。

a. 春季嫁接　从春分开始到清明节后5天内，银杏树发芽前，可采用劈接（枝接）、带木质芽接（嵌芽接）、方块套芽接进行，无论采用哪一种方法嫁接，成活率都比较高。

b. 夏季嫁接　从6月中旬至7月底，可采用绿枝嫁接（嫩枝双芽劈接），接穗剪口要封蜡，以防失水，也可用芽接（热粘皮）。

c. 秋季嫁接　整个9月份，采用嵌芽接（带木质芽接）。

③影响嫁接成活的因素　一是气象因子，晴天气温高，空气湿度小，光照强，蒸发量大，成活率低。二是人为因子，如接穗削得过于厚，木质带得多；接穗大而砧木削口小；绑扎不严紧，失水，进空气和雨水。

2.2.2　栽培技术

银杏和其他果树一样，栽培目的在于获取较高的经济收益，以较少的投入换取更大的产出。但是，银杏不像梨、苹果那样结果早，正常栽植的银杏，最快需要20年后才开始结果。因此，早结果、早丰产是银杏栽培者的愿望和要求。银杏是果实、绿化观赏兼用树木，其果实和叶片又是国内外紧缺的药材。为尽快满足人们对银杏果、绿化树木的需求，努力改变银杏结果晚、产量低的栽培方式，很有必要大力发展银杏速生丰产园。

（1）丰产园地选择标准

银杏树对立地条件适应范围较广，可进行大面积栽植。但是，作为以果实和绿化树为经济效益的栽培，要想达到快长树、早结果、早丰产，并且高产、稳产的目的，就必须选择适宜的环境。要想早期、长期获取较大的经济效益，就必须选择良好的园地。

银杏树耐旱而不耐涝，年降水量超过1600mm的高温高湿地区，不利于栽植，因为根系长期受水渍而生长不良，园内积水10天以上，会造成全株死亡。

（2） 土壤选择

虽然银杏树适应性较强，对土壤的要求也不是太严格。但是，对于根系活动来说，还是沙壤土为最好。因为沙壤土通透性好，保肥保水能力也强，有利于土壤空气更新，树体新陈代谢；有利于土壤微生物种群繁殖；有利于各种肥料的分解、转化、吸收、运转；有利于养根壮树、根深叶茂。

（3） 品种选择

银杏树的经济寿命很长，栽植前选择优良品种，合理搭配好授粉品种，是银杏优质高产的根本，是关系到银杏园未来经济效益的大事，必须十分重视。

优良品种有江苏邳州市的大佛手、家佛手；广西的橄榄佛手；镇江、上海南汇区的无心银杏；四川郫都区的大马铃；山东郯城的大金坠、大圆铃、小梅核等。

（4） 栽植

银杏树是长寿植物，在自然生长情况下，是一种高大、挺直的落叶类乔木。银杏树一经定植，就会相当长一段时期固定在一个地方生长、开花、结果。现在栽植银杏，一般情况下可维持几十年。二三十年生的银杏树，可以高达20~30m。如果是以绿化为主，为了社会效益和生态效益，维持几十年年至数百年是完全可以的。就目前我国所保留的古银杏树来看，最长的寿命在2000年以上。

银杏树具有较强的抗逆性和适应性，在秋季落叶之后，到春季萌芽之前，银杏树需要经过一个自然休眠期，我国大多地区都可以满足银杏树休眠需要的低温环境。银杏树可以忍受-18~-20℃的低温，但是，极端低温超过-32℃，持续的时间过长，也可以被冻死。

① 栽植时间　银杏从落叶到发芽前的整个休眠期，只要土壤不封冻都可以栽植，但早栽比晚栽好，树叶落70%时就可以栽植。在华北冬季寒冷且干旱地区，为避免冻害，可以春天栽植，在清明节前后进行，以提高成

活率。

② 苗木的选择　要选择壮苗、大苗、根系发达的苗木，发芽早，成活率高，恢复生长快，成林投产早。苗木的标准是，高度 1m 以上，主根长 30cm，侧根齐全，无断裂，3~4 年生苗木。

③ 整地挖穴　银杏苗木的栽植，和苹果、桃、梨树一样。要使其幼龄期生长迅速，就要采用"挖大坑栽小树"的方法进行。定植坑深为 80cm 左右，长宽为 100cm。先将表层熟化松土填入穴内，然后每穴内施入 1kg 微生物菌肥，和土掺拌均匀放入银杏苗木根系周围，以促进早生根、多生根，苗壮苗旺。

栽植深度在地平面以上 10~15cm，待土沉实后，根颈也要略高于地平面。栽植时，首先用双脚踏踩一周，然后，再将苗木缓慢上提，反复数次，边填土边用脚踏实，使得土层严密。在穴周围做培土堰，栽植完成后，浇透水，两星期浇水 1 次，连续 3~4 次，以确保成活。

④ 栽植密度和方式　栽植密度对银杏的产量影响较大，稀植时单株大，单株产量高，但早期单株产量低，单位面积总产量也低。合理密植，可适当增加单位面积定植株数，迅速增加枝、叶、根的数量。

如果想要尽快取得经济效益，建园时就要按照地理位置的分布情况，适当保留适宜的株距和行距。一般的地块，初定植时，以 3m×4m，亩栽 55 棵为宜，这样行内通风透光好，管理也方便。土壤肥沃的园块，株行距稍微放宽至 4m×4m，亩栽 42 棵左右。

此外，还可以利用零星土地，结合"四旁"（指宅旁、路旁、村旁和水旁）绿化栽植银杏。可充分利用土地，美化环境，点缀庭院，也可增加收入，这种栽植方式今后仍可提倡。

⑤ 大树移栽　银杏树虽然容易成活，但由于移栽时容易损伤根系，如果栽植技术措施不当，栽后管理跟不上，往往使新移栽的银杏树当年生长缓慢，第二、三年才能缓慢恢复生长，第四年才能加快生长。因此，在移栽时，一定要尽量少伤根，这样栽后生长快、树势旺、结果早。为确保大树移栽成活，尽快恢复树势，要抓好以下几点：带大坨、重修剪、保持土壤湿润、涂抹大伤口、控制施肥、加强移栽后的管理。

a. 带大坨　俗语说："移栽要想活，必须带大坨。"挖掘时，从树冠下缘开始，挖直径 60cm、深 80~100cm 的圆圈，然后用稻草绳捆扎紧，尽量不散失土坨，少伤根，再用机械慢慢地吊起装车。

b. 重修剪　大树移栽时，由于根系受到损伤，树体内的水分和养分供应失去平衡，为降低蒸腾作用速率，减少营养物质的消耗，可在移栽前，将主枝、侧枝以及各类枝条进行重短截或重回缩。然后对重叠、交叉、纤细衰弱及枯死枝，全部疏除，以促使尽快萌发新枝。

c. 保持土壤湿润　栽植树穴的大小，应依据移栽树根系的长短、土坨的大小来定。树穴挖好后，先在底部撒放一层土杂肥，掺混一些生物菌肥，然后再填入薄薄的一层细土，把大树放在树穴后扶正，在根系上浇上泥浆，填入一些表层土，边填土边踏实，然后再用土填平树穴，填土应稍高于地面。栽植后，立即灌一次透水，使根系和土壤密切结合。之后，每隔10天左右再浇灌少量水，始终保湿土壤湿润，但湿度也不要过大，湿度过大时，往往受伤的根不利于萌发新根，或发生腐烂。

d. 涂抹大伤口　移栽大树枝的剪锯口，应及时涂上黄油或油漆，以防树体内水分流失和病菌的侵染。然后用三脚架支牢，防止遇风摇晃，影响成活。

e. 控制施肥　移栽的大树，在新的根系没有生长前，吸收能力很差，树穴刨好后，穴底放入的生物菌肥及农家肥，就可以满足新生根的吸收利用，待第二年根系萌生的多了，吸收能力增强了，再增施肥料。

f. 加强移栽后的管理　春季易干旱地区，栽植成活后，也要每月浇灌一次水，直到进入雨季旱情解除。灌后及时疏松土壤，以防干旱缺水影响成活。也可在苗木或大树移栽浇足水后，用塑料薄膜覆盖树盘，以减少水分蒸发，可起到增加地温、保水肥、灭杂草、促生新根、提高成活率的作用。

（5）人工授粉

① 人工授粉的必要性　银杏树多为雌雄异株，雌花经过授粉、受精、胚胎发育等一系列生理变化过程，最后才能达到果实成熟。如果不能正常授粉，便会影响银杏产量。如果是经过嫁接，以果实为经济收入的银杏树，人工授粉是一项获得高产、稳产的重要途径。

如果定植时选配雄树的，一般气候正常的情况下都不需要人工授粉。据有关资料报道，花期晴天、顺风情况下，银杏树雄花粉可以传播至10km以外，但有效授粉的距离却不足1km。

如果建园定植时没有配置授粉树，或者距离有雄树的园块太远，或者虽然配置了授粉树，但因受花期遇阴雨、大雾和风的影响，难以授粉受精。俗语说："银杏花期雨蒙蒙，果子定会减收成。"

花期遇雨难以传粉，一是因为空气湿度大，花粉扬不起来；二是因为部分飘落在雌花胚珠上面的花粉精子也会被雨水冲刷掉。

相反，如果花期遇到干热风，气温偏高，雄花成熟快，提前开花。而雌花因受干旱天气影响，开花偏晚，雌雄花期不遇，难以授粉。再加上干热风往往会带有沙尘，当沙尘飘落在胚珠上，堵住了花粉管道，即使大风过后天气恢复正常，也难以达到授粉受精的效果。

根据多地银杏产区调查，银杏花期理想的天气很少。因此，采取人工辅助授粉措施，不但能延长授粉时间，提高授粉质量，而且确保银杏丰产丰收。

② 花粉的采集和处理　花粉采集要适时，采集过早，多数花粉没有成熟，授粉后坐果率低；采集过晚，花粉又会飞散脱落，没有足够的花粉，难以达到预期效果。当雄花序由青色转为淡黄色时，采集最好。

处理银杏花粉不像梨、苹果花粉那样要求严格，有两种处理方法，简便易行：一是石灰干燥法，利用生石灰的吸湿原理，将花蕊里含的水分尽快吸取，可使花粉提前散发；二是晾晒干燥法，将采集的雄花序放在阳光下面晒，可促使花苞提前开放，慢慢地释放花粉。

③ 人工授粉方法　银杏授粉不像梨花授粉那样繁琐，各地的授粉方法大约有三种：树上挂花枝法、振散花粉法及混水喷雾法。

a. 树上挂花枝法　将采集的雄花枝剪成25cm左右长的枝段，分别挂在雌树上风头的树梢处，也可将采集的枝段插在盛水的瓶子里，挂在树上，使开放的花粉慢慢散发，飘落在胚珠上，达到授粉受精的目的。

不过，这种方法需从树上剪下枝段，容易损树，尽量少取。

b. 振散花粉法　将收取的花粉装入纱布袋内，系在竹竿顶端，选择微风的晴天，站在上风头轻轻拍打竹竿，使布袋内的花粉慢慢散发，飘落在胚珠的黏液上，可达到授粉受精效果。此法大都用在密植幼树园，对于稀植高冠大树，可以用细长竹竿，也能起到振散传粉作用，不过这种方法有些浪费花粉。

c. 混水喷雾法　将处理好的雄花花粉，与水混合均匀，再沥去花粉壳及杂质，用喷雾机械将花粉稀释液均匀地喷洒在树冠及内膛，达到充分的授粉受精。花粉和水按照1:2000的比例进行配制，为增加花粉的活力，提高授粉效果，花粉液中可加入5%的白糖和0.1%的硼酸。在晴天的上午10:00至下午4:00进行，避开露水喷洒，效果不错。

如果园内没有配置授粉树，也可在每棵雌树上嫁接一个雄树枝，只要是授粉期间天气好，不需要采用人工授粉也可自然传粉。

d. 注意事项

（a）合理负载　人工授粉后，如果结果偏多超量，树体消耗养分大，必须进行严格的人工疏果，达到合理负载。

（b）授粉要求　花多的树要少授粉，花少的树要多授粉；幼龄树要多授粉，衰老弱树要少授粉；肥水条件充足的要多授粉，缺肥少水管理差的园块要少授粉。

除此以外，授粉后，还要加强土肥水管理。凡是结果多的园块，除了严格疏果外，及时进行追肥和喷洒叶面肥，提高树势，确保来年有充足的花芽结果。

总之，人工授粉工作是银杏综合管理中的重要环节，生产中应引起重视。

（6）银杏大小年结果的原因及调整

① 大小年结果的原因　银杏树花芽的形成，对环境条件的要求较低，花芽产生于叶原基，因此容易形成花芽，应该说银杏不易出现大小年结果现象。但是，如果管理粗放、缺肥少水、树冠郁闭、光照恶化、病虫危害等，没有良好的营养基础，枝叶和根系生长发育衰弱，就容易产生大小年结果现象。

结果多的年份，树体所吸收和制造的养分，大量消耗在过量果实的生长发育上，叶片制造的光合产物收不抵支，没有多余的养分贮存和供应根系，根系就没有能力吸收地下矿质元素和水，及时地供给树上枝叶。这样，春天树上就不会生长健壮浓绿的大叶片，相应地夏季也不能形成足够的花芽，因此，第二年就难以正常结果。甚至导致第二年难以抽生新枝，长出的叶片瘦小单薄，形成了一种恶性循环状态。

因此，必须等到树势恢复后，既要补充树体消耗的储备养分，又要有多余的养分重新积累时，才能生长健壮的枝、叶、芽，才能正常地开花结果。

如果在树体上"自身难保"的情况下勉强结果，必然会造成连续的大小年。由此看来，树体营养不足是造成大小年结果的主要原因。

另外，干旱、水涝、病虫危害等自然灾害，也会引起银杏的大小年结果。虽然自然灾害是人们难以预料和不易抗拒的，但是，关键在栽培技术措施的合理应用，最大限度地降低自然灾害的不良影响。如果加强银杏园的精细管理，做好防旱排涝工作，及时防治病虫害，这些自然灾害造成的大小年结果是完全可以大大减轻甚至避免的。

② 调整大小年结果的方法措施

a. 加强土肥水综合管理　结果树营养消耗大，要使银杏树根深叶茂，树体健壮，就要相应地加强土肥水的综合管理措施，避免大小年结果现象的发生。连年保持中庸偏旺的树体生长势，枝繁叶茂，生长结果平衡，一般情况下，树上不会产生大小年结果现象。

加强土肥水管理，提高树体的营养水平，严格按照银杏树的需肥标准进行施肥；及时防旱排涝，确保根系和树体健壮生长；新梢年生长量不少于20cm，每一短枝上有 7~8 片浓绿深厚的叶片，叶片大、发芽早、落叶迟，这是克服大小年的根本措施。

b. 适量授粉，疏果定产　银杏开花坐果的数量，常常超过树体营养所能承担的能力。所以，首先要进行适量授粉，授粉后还要看坐果的数量是否适中，如坐果过多，要根据树体的大小、生长势强弱，及时进行疏果，严格控制结果量，防止养分大量消耗。这样，银杏既能达到丰产、稳产，保持树势，增强结果后劲，又可有效克服大小年结果。

c. 合理修剪　银杏树以短枝结果为主，因此，一棵树上短枝生长的多少、强弱、枝龄大小，都是决定结果多少的重要因素。尽管 25 年的短枝仍然有结果能力，但是，还是以 5~15 年生的短枝结果能力最强。短枝要生长健壮，一个短枝只能结 1~2 粒果子，一株中年银杏树，往往有上万个短枝，正常情况下，有 1/5~1/3 的短枝结果就足够了，为此就要进行修剪以疏除密挤无效枝，更新衰老结果枝，调节生长与结果的关系。

大年结果枝多，营养枝少，冬剪一般以轻剪为主，只剪去干枯、密生、衰老及病虫枝，多留营养枝，使当年多形成一定的花芽，供明年适量结果。在花量特多、树势衰弱的情况下，严格采用夏季修剪，疏除一些密挤、花多的短枝，疏除细弱的无效枝，促使多发新梢，多形成花枝，保证来年有足够的花芽结果。

小年结果时，树冠营养生长旺盛，冬剪时要适当加重，多疏除一些密挤、纤细枝，和部分易成花的营养枝，回缩多年生无花枝，以减少当年的花芽量，使下年树上有适量的花芽开花结果。这种措施为平衡树体生长势，使一批短枝当年结果，一批短枝当年成花、来年结果。

d. 保护树体，及时防治病虫害　禁止在树上连年环剥，或者缠铁丝、钉钉，树下堆树枝等杂物，避免任何损伤大枝、干和根系的行为。采果时，要避免伤及枝叶，也不能采叶出售。果子采收时间可适当推迟，同时，要及时防治病虫危害，防治早期落叶。

e. 其他措施　清除影响银杏生长的杂树，改善生长环境，以及选用优良品种，使用一些植物生长调节剂等，都是提高坐果率、减少生理落果、促进生长发育、确保高产稳产，以及保障树体长寿的有效措施。

2.3　土肥水管理

土肥水对银杏树的生长发育，起着极其重要的作用。

土壤是银杏树生长、结果的基础，是水分和养分的供应源泉。土层深厚、疏松、通气性良好，酸碱度适宜，土壤中的微生物活跃，对提高土壤肥力，及银杏树的快速生长、快速成材，提高产量和品质有重要的意义。银杏树生长所必需的四大要素为阳光、水分、养分、空气，除阳光以外，其他主要依靠土壤来供应。

肥料是银杏树生长发育和产量的关键。正确地施肥是保证银杏树快速生长、丰产稳产、树体长寿的重要措施。肥料使用的适量与否，直接影响银杏树的生长、结果。银杏树每年都要从土壤中吸收大量的营养物质，来满足其生长发育的需要。

水分是银杏树赖以生存的基础，据测定，树体湿鲜重的 50% ~ 80% 是水分，叶果中含水量高达 85% 以上。此外，叶片的光合作用、蒸腾作用和树体的呼吸作用都需要大量的水分。银杏树体内一旦水分亏缺时，往往从叶片、果实中夺取水分，以满足根系生存的需要。被夺取水分的叶片，会出现萎蔫现象，果实个头小、品质差、产量低。

土肥水是银杏树赖以生存的基础，是其生长发育、速长、丰产的条件和保证。一旦离开了土肥水这个基础，其他条件再充足也不能使银杏树速长、丰产。银杏树虽然有较强的适应性，但要使幼树生长迅速，培育强健的树体，达到果、材丰产丰收，需要有一个良好的土肥水管理条件。

目前，大多地区银杏生产水平较低，一个重要的因素就是缺乏土肥水的综合管理。如果银杏处于长期缺肥缺水状态，幼树生长缓慢，进入结果期晚，产量低，这也充分说明了土肥水在银杏丰产园综合管理措施中的基础作用。与此同时，还要通过整形修剪、人工授粉等措施调节营养生长和生殖生长的关系。各种管理技术措施之间既息息相关，又相互补充和相互制约。因此，要获得银杏的高产优质，必须全面而灵活地运用各项农业技术措施，加强管理，集约经营。

2.3.1　土壤管理

（1）　银杏树适宜的土壤条件

银杏一生的生命活动中，不断地从土壤中吸收水分和养分，以供给树体生长发育，只有根系发达，大量吸收肥水，才能长成健壮的树体，年年开花结果。土壤是银杏根系生长的基础，也是根系生长最直接、最密切的环境因子。土壤疏松通气性良好，有机质丰富，各种营养元素齐全，始终能满足银杏生长发育对养分、水分、空气、温度的要求，是银杏能够健壮生长、正常发育的必要条件。如果土壤理化性质差，其他管理再好，也难以丰产。

（2）　土壤改良

若要使树体生长健壮，并连年高产稳产，必须要有良好的土壤条件。这是因为土壤是银杏树生长的基础，是肥水供应的总仓库，土壤条件，直接影响根系的生长。土壤条件优越，才能根深叶茂，结果多，这是银杏树能早结果早丰产、生长迅速的前提。

我国银杏大部分生长在丘陵坡地和河滩沙地，土层瘠薄的土地占有较大的比重，致使树体营养不良，树势衰弱，难以达到速长、高产、稳产。因此，改良土壤，培肥地力，是银杏丰产栽培的重要技术措施。改良土壤的措施，一是深翻土地，二是种植绿肥，三是增施有机肥料。

① 深翻土地　冬季深翻可改良土壤结构。由于人们长期在田园进行各种操作活动，如喷药、修剪、施肥、中耕除草等，破坏了土壤的团粒结构，使土壤形成了板结层，通透性能大大降低。通过深翻，不仅可以打破板结层，增加土壤空隙，利于土壤空气更新，促进新陈代谢，而且可促使土壤进一步熟化和土壤中有机物质的分解转化，有效提高土壤肥力。

冬季深翻果园，还可提高银杏树的抗寒能力，有效增加活土层，为根系创造一个良好的水、肥、气、热条件，引根深扎，增强树势。同时，深翻可切断一部分须根，促使植株萌发新根，使根系得到更新。

深翻可消灭许多越冬害虫。不少害虫冬季在土壤中越冬，深翻时有的被机械或工具直接杀死，有的翻到土壤表层被冻死，或被天敌鸟类吃掉。此外，还有一部分害虫在落叶、枯枝和杂草中隐伏越冬，深翻时可被翻到土壤深层。

深翻结合施基肥进行，其方法是：围绕主干由浅而深地向四周翻，把表土翻到下面，底土翻到上面，翻起的大土块可暂不打碎。经过一冬天的风化，可有效改善土壤结构，改善土壤环境，有效降低土传病害，养根壮树。

② 种植绿肥　长期以来，由于果园内化肥的大量连年使用，造成土壤板结、酸碱失衡、肥力下降、土传病害严重、土壤内固性元素积累多、重金属含量高，这是果树生长衰弱、产量低、品质下降的主要原因。

绿肥含有大量丰富的有机质，将绿肥翻压后，可有效改善土壤理化性状，提高土壤有机质含量和土壤肥力。据试验，覆盖层下 5～10cm 土壤有机质含量，比不生草的果园提高 1%。最好的草类应该是耐阴的豆科草，如三叶草、草木樨、毛叶苕子、小冠花等，既有较强的固氮力，又易分解转化。

绿肥作物对土壤墒情的保持，主要是通过减少行间土壤水分蒸发，吸收、调节降雨中地表水的供应平衡，将生长旺盛的生草进行刈割覆盖树盘，土壤保墒、保肥保水效果显著。

果园生草覆草还能在春天提高地温，促使根系比清耕园提前进入生长期 15 天左右；在炎热的夏季又可降低地表温度，保证果树根系旺盛生长；进入晚秋后，增加土壤温度，延长根系活动 1 个月左右，对增加树体贮存养分、充实花芽有十分显著的作用；冬季草被覆盖在地表，可以减轻冻土层的厚度，提高地温，减轻和预防根系的冻害。

③增施有机肥料　施用有机肥是栽培银杏最重要的物质投入之一，有机肥可提高果园土壤有机质含量，改善土壤结构。有机质含量是判断土壤肥力的重要标志，也是保证果树生长良好的重要条件。我国果园土壤的有机质含量一般只有1%左右，北方果园在1%以下，黄河故道地区有的果园有机质含量只有0.3%～0.5%。而欧美、日本等果树生产发达国家果园土壤有机质含量普遍在3%～5%。有关研究表明，土壤有机质和全氮与果实产量和品质呈正相关关系，全磷和全钾与糖酸比呈正相关关系。

施用传统有机肥由来已久，到目前为止，仍是多数果园秋季冬季施用基肥的主要做法。堆沤肥、鸡粪、牛粪、猪粪、羊粪等畜禽粪便和人粪尿等，都是良好的有机肥。结合牲畜养殖，在农村地区获得这些传统有机肥比较容易，使用成本也不高。但是，大多数地方从养殖场购得鲜畜禽粪便，有的不进行腐熟，有的虽然进行了腐熟，但是没有等到完全腐熟就进行使用，结果造成了根腐病的严重发生。因为所有的有机肥料，必须经过腐熟、分解、转化，才能使根系吸收利用。而有机肥料在土壤里腐熟过程中，放出的大量热量很容易灼伤根系，根系一旦受灼伤，土壤中的病菌、细菌、病毒随即可以侵染，导致根腐病的发生。充分腐熟的有机肥，是熟化土壤、修复土壤、改良土壤、供给植物根系吸收、养根壮树的天然绿色肥料。

据土壤肥料学介绍，羊粪含有机质24%～27%，比其他畜粪含量高，氮、磷、钾营养丰富，粪质较细，肥分浓厚，属热性肥料。

鸡粪中含有丰富的营养成分，尤其鸡粪中的粗蛋白比较多，有机质含量达到25.5%。但是，现在的鸡粪大多是经过烘干的，有的农民购买后误认为是经过腐熟的肥料，不再进行腐熟直接施入土壤内，结果造成严重的枯枝死树现象。有的养鸡场为了让鸡苗快速生长，在饲料里面添加了激素、食盐等，这些都是抑制根系正常生长的重要因素。

猪粪含有机质15%，总养分含量不高，但猪粪质地较细，含蛋白质、脂肪、有机酸、纤维素、半纤维素以及无机盐等。猪粪含氮元素较多，碳氮比较小（14:1），容易被微生物分解，释放出可为植物吸收利用的养分。

牛粪有机质含量14.5%，风干样品中含粗蛋白13.74%，粗脂肪1.65%，粗纤维43.6%，含氮、磷、钾三元素接近1%，钙1.40%，磷 0.36%。

生物是土壤有机物质的来源，是土壤形成过程中最活跃的因素，没有生物的参与，就不会有土壤的形成。因此，在传统有机肥施用的基础上，近年来生物有机肥的施用正在成为趋势。

2.3.2 肥料管理

肥料是银杏树生长发育、形成产量的关键，是丰产的物质基础之一。正确施肥，是保证银杏树迅速生长的重要措施。肥料的种类、施入时期和使用量、施肥方式方法，直接影响着银杏树生长与结果。这是因为银杏树根系每年都要不间断地从土壤中吸收大量的营养物质，来满足其生长发育、开花坐果的需要。

（1） 化学肥料的使用

我国最早使用化学肥料是在 20 世纪 60 年代，开始使用的是纯氮肥，主要品种是碳酸氢铵、硫酸铵和尿素。后来又陆续出现了磷酸一铵、磷酸二铵、氨水以及各种类型的氮磷钾复合肥等。

化学肥料的使用为我国的农业（水果）生产带来了很大的效益。随着现代农业的发展，化学肥料使用量依然很大。化学肥料的使用，既是维持农业高产出的手段，也是造成农业自身污染的主要原因。

（2） 长期施用化学肥料带来的弊端

半个世纪以来，由于长期大量地施用化学肥料，给土壤环境带来了严重污染：

一是造成土壤板结，土壤团粒结构破坏严重，通透性差，肥料利用率低，需氧微生物活性下降，土壤熟化慢，重金属含量超标，进一步影响银杏树根系的吸收功能，影响正常生长结果。

二是造成土壤有益菌的菌群失调。随着化学肥料使用的时间延长，土壤中的有害菌数量越来越多。而且，因得不到营养补充，有益微生物种群的数量也越来越少。土壤有机质含量明显降低，园内土传病害逐年加重，根系不能健壮生长，树体抗病能力差，生理病害严重。

三是造成有机质含量低，土壤微量元素缺乏。肥料中各元素之间既有互补作用，又有拮抗作用。常年使用大量元素肥料，容易造成土壤养分偏少，土壤有机质含量普遍偏低。特别是钙、硼、铁、锌等元素，在众多大量元素影响下难以吸收利用，从而出现明显缺硼和铁钙的现象。尽管化学肥料使用得越来越多，而树势却越来越弱，产量也越来越低。甚至银杏树黄叶病、小叶病等缺素症越来越明显，严重影响银杏生长发育和高产稳产。

为了从根本上解决这些问题，必须改革传统的施肥模式，按照现代果业要求，加强土肥水综合管理、科学施肥，才能增强树势，提高土壤肥力，提高树体抗病能力。

（3）肥料中化学元素之间的关系

① 银杏树生长结果所需的营养元素　银杏树和其他果树一样，施肥都是为了补充树体生长发育、开花结果所必需的营养元素。

银杏树所需要的营养元素种类较多，归纳起来主要有：氢、氧、碳（来自于阳光、大气，占银杏树所需元素的96%）；氮、磷、钾（大量元素，又称为三要素，占所需元素的2.7%）；钙、镁、硫、硅（中量元素，占所需元素的0.9%）；锌、铁、铜、硼、锰、氯、钼等（微量元素，占所需元素的0.4%）。除了氢、氧、碳来自于阳光、大气以外，其余的元素均来自于土壤。

按照银杏树生长结果所需要元素的多少划分为：大量元素、中量元素和微量元素。中、微量元素用量少，但作用很大，是银杏树生长中必不可缺的。由于生长结果需要较多的是氮、磷、钾三要素，所以，各地果农一提到施肥首先考虑的也就是氮、磷、钾肥，往往忽视了中、微量元素的供应。

② 各种元素的作用　各种元素都有非常重要的作用。但是，它们之间又不是和谐共存的，既有相助作用，又有相克作用。也就是说既有复杂的相互辅助作用，又有相互的制约关系。

当一种元素过多或过少时，特别是大量元素，会引起银杏树的生理机能失调，影响其他元素的吸收和转化。

a. 氮　氮是植物生长的必需养分之一，它是每个活细胞的组成部分。氮素是合成绿叶素的组成部分，叶绿素是植物制造碳水化合物的工厂。氮素还能合成蛋白质，促进细胞分裂和增长。

缺氮，叶片薄小、微黄，新梢生长衰弱，冗长纤细，根系不发达。

氮过多，不但能引起枝条徒长、不充实，抑制花芽分化，更重要的是抑制硼、钙、铁、锌元素的吸收。

b. 磷　俗语说："无磷不成花，有花果不实。"磷决定着果实籽仁的饱满程度。磷在树体内可控制碳水化合物的代谢，改善果实品质，促进果树根系的发育和花芽分化，促进开花结果，提高结果率，增加果树产量。能够提高树体抗寒、抗旱、抗病、抗逆能力。

缺磷，果实不饱满，萌芽率降低，展叶推迟，枝条色暗，叶缘发紫。

磷过多，抑制钾和锌元素的吸收。

c. 钾　钾是银杏和其他果树所需的重要元素之一，钾可促进酶的活化，促进光合作用及同化作用产物的运输，以及碳水化合物的代谢和蛋白质的合成等。对果实膨大、增加含糖量起着决定性的作用。

缺钾，直接影响光合作用，果实小，着色差，甜味不足，采前易落果。

钾过多，枝条不充实，果实松软，抑制营养生长；抑制氮、硼、钙、锌和镁元素的吸收。

d. 钙　可提高土壤 pH 值，中和土壤酸度，将 pH 值小于 5.5 的酸性土壤调节成 pH 值 6~7 的弱酸或中性土壤，减少土壤对磷的固定，调节土壤对微量元素的供应，改善土壤微生物生活环境，增强土壤的通透性，从而提高土壤的保肥能力。

缺钙，根系受害突出，枝条易焦枯，花朵萎缩。果实光洁度差，易裂果。

钙过多，土壤呈碱性而且板结，铁、锌、锰、硼元素固定不能被溶解，导致果树出现严重的缺素症。

e. 镁　镁在叶绿素合成和光合作用中起着极其重要的作用。镁离子又是多种酶的活化剂，可促进树体内糖类转化及代谢，还可以促进根系对硅的吸收。

缺镁，使植物体内代谢作用受阻，对幼嫩组织的发育和种子的成熟影响很大。老叶叶缘和叶脉之间易失绿，新梢嫩枝细长，开花受抑制，果实小而味差。

f. 硫　硫是植物体内含硫蛋白质的重要组成部分，能改善土壤理化性能，调节土壤 pH，从而增加土壤中磷、铁、锰、锌等元素的有效性，减轻钠离子对土壤性质和根系的危害。

缺硫，叶缘呈淡绿色或黄色，最后幼叶全面失绿。

g. 硅　硅可提高光合作用效率，提高根系活性，增强抗病能力，提高抗逆性，提高水分利用率，促进树体对养分的吸收，改善树体内养分平衡。硅肥既可作肥料提供养分，又可用作土壤调理剂，改良土壤。此外，还兼有防病、防虫和减毒的作用。硅肥有无毒、无味、不变质、不流失、无公害等突出优点，将成为发展绿色生态农业的高效优质肥料，现在国际上把硅称为继氮、磷、钾之后的第四元素。

目前，还没有缺硅和硅过多的不良反应的报道。

h. 锌　锌是植物必需的微量元素之一。在作物体内间接影响着生长素的合成，当果树缺锌时，叶芽中的生长素含量减少，生长处于停滞状态，叶片狭小；锌也是许多酶的活化剂，有助于光合作用；同时锌还可增强植物的抗逆性，提高果实产量和品质。

缺锌，新梢顶部的叶片狭小，枝条纤细，节间短，小叶密集丛生，小叶病就是明显的缺锌症。

i. 铁　铁是植物必需的微量营养元素之一，是植物中一些重要的氧化还原酶的组成部分。铁不是叶绿素的组成成分，但铁在叶绿体结构的形成过程中必不可少，没有铁元素，植物就不会有叶绿素。铁以各种形态与蛋白质结合生成铁蛋白，对缓解果树失绿症有一定作用。

缺铁，影响叶绿素的形成，幼叶失绿黄化，叶肉呈黄绿色，叶脉仍为绿色。一般情况下，碱性土壤容易缺铁。

j. 铜　铜是植物体内多种氧化酶的组成成分，与植物体内的氧化还原反应和呼吸作用有关；对蛋白质代谢及叶绿素的形成有重大影响；能增强光合作用。

缺铜，叶片容易出现褐色斑点，逐渐变为深褐色，枝条顶端易焦枯，翌年下部再萌发新枝，易产生丛生细弱枝。

k. 硼　硼对果树的生理过程有三大作用：一是能促进碳水化合物的运转，改善果树各器官的有机物供应，使果树正常生长，提高坐果率；二是能刺激花粉的萌发和花粉管的伸长，使授粉能顺利进行；三是硼在植物体内能调节有机酸的形成和运转。

缺硼，主要表现在果实、新梢和嫩叶上。果面出现凹陷，凹陷处果肉变褐，并木栓化。新梢嫩叶易枯死，新梢枯死后，下部又能萌发出轮生枝，呈扫帚状。

硼过多，能使根系中毒，吸收功能减退。

l. 锰　锰在植物生长过程中，对糖酵解中的某些酶有活化作用。锰参与氮的转化和氧化还原过程，促进糖类、淀粉的水解和转移，对果树有良好的增产效果。

缺锰，叶片呈等腰三角形，老叶叶缘开始失绿变黄绿色，逐渐扩大到主脉间失绿，叶尖发生褐色斑点。

锰过多，也会使老叶片失绿，产生棕色斑点，诱发缺素症。

m. 氯　在光合作用中，氯作为锰的辅助因子参与水的光解反应，对抑制病害的发生有显著作用。氯能抑制土壤中铵态氮的硝化作用，在离子平衡方面的作用有特殊的意义。适量的氯有利于碳水化合物的合成和转化，对细胞液缓冲体系也有一定的影响。

缺氯，叶片往往失去膨压而萎蔫。

n. 钼　钼是果树生长过程中需要量较少的一种微量元素。它在树体内与氮的代谢有着非常密切的关系。钼不仅在生物固氮中起着重要作用，而且还参与硝酸的还原过程，因为钼是组成硝酸还原酶的成分。

缺钼，叶片上产生黄化斑，初期叶片先端焦枯，逐渐沿叶缘向下扩展，叶片向下卷曲。

一般情况下，微量元素在树上不会表现出过量现象。因为微量元素用量极少，大多果农容易忽视，即使某种复混肥里含一些中、微量元素，也是微不足道的。而且大量元素氮、磷、钾大量施用，也会抑制中、微量元素的吸收。

（4）施肥的 "木桶原理"

银杏生长结果需要有 17 种主要元素（还有很多有益元素），除了氢、氧、碳来自于阳光、大气之外，其余的 14 种元素均来自于土壤。假若将这些元素比作 14 块木板，木板有宽有窄，宽板好比是大量元素，窄板好比是中量元素和微量元素，共同箍成一只木桶。假设木桶有 50cm 高，能盛 50kg 水，即使将最宽的那几块木板再加高 50cm，桶里也不会增加一滴水。相反，如果最窄的一块木板腐朽了，水桶也就盛不了 50kg 水了。只有将最短的腐朽的木板补齐，木桶才能盛 50kg 水。这个原理就是施肥的 "木桶原理"，又称"木桶理论"。

（5）银杏树施肥的五大效应

通常施用的大量元素氮、磷、钾肥，无论是单一元素肥料还是二元、三元复合元素肥料，其利用率与施肥的季节、深浅度、距离、根系接触面积以及土壤含水量有直接关系。

据多年的实践观察和有关专业资料记载，氮肥最高利用率低于50%，磷肥最高利用率低于30%，钾肥最高利用率低于40%，其综合利用率仅为30%多。而且必须在以下几种条件下施用，才能达到这么高的利用率，否则利用率更低。

① 时间效应：不早不晚　施肥必须按照银杏树根系生长吸收规律，以及树上各组织的需求进行。

一年之中，银杏树上的枝叶生长和树下根系的生长是对立的统一体。当树上枝条快速生长时，地下的根系活动吸收量很小；树上的枝叶完全停长时，地下根系才大量生长。

我国中东部地区银杏树生长结果时间相差不大，一般都是3月中旬芽开始萌动，4月上旬新梢嫩叶开始出现，一直生长到9月上中旬，而根系一直处在缓慢生长状态。9月下旬开始，树上枝叶开始停止生长，这时，根系便开始快速生长。

一年之中，银杏树根系生长有两个较为明显的高峰期：一是早春2月下旬开始，随着气温开始回升，土壤开始解冻，根系便开始生长，3月中下旬进入生长高峰期。当树上开始出现新梢，根系便缓慢生长，之后一直处于缓慢生长期。二是9月下旬，树上叶片逐渐变黄，最后成为金黄色，枝叶全部停长，根系便开始活动，这是一年之中最长的一段根系生长高峰期。当树上叶片全部脱落后，根系也逐渐进入休眠期。因此，从9月中下旬开始至11月份，是银杏树施基肥的最佳时期，早比晚好。

② 表层效应：不深不浅　根据银杏园的土壤根系剖面调查分析，银杏树的根系生长较深。10~20年生的银杏树，直立根在1.5~2m，50年以上的树龄，直立根在4~5m，随着树龄的增长，直立根生长得还要深。这些根上面的根毛较少，只能起到固定树体的作用。吸收根系最深也只在1~2m，而20~70cm是吸收根系的集中分布层，是施入肥水的最佳范围。各种肥料

都有遇水下渗的习性，因此，在30cm以下施肥最适宜。

如果施入肥料过浅，甚至掩埋不严，经过风吹日晒，容易大量蒸发，下雨季节又会大量流失，肥料利用率低；如果施入过深，一旦遇到大雨，往下渗透流失的多，形成的固性元素多，利用率相对也低。

③边缘效应：不近不远 银杏树根系的生长和延伸，一般情况下都和树冠的外缘相对应，一部分根系还要超过树冠外缘。银杏树根分为主根、侧根、细根，这些都是过渡根，没有吸收功能。而在细根上萌发的白嫩根毛才是吸收根。土壤中的营养物质、矿质元素和水，只能通过这些根毛的先端进行吸收、运转、输送，才能供给全树体利用和贮存。

根的生长，是从树颈处倾斜向外向下延伸，距树颈越近，粗根越多，往外逐渐是侧根或细根。和树冠外缘对应的部位，是吸收根系的集中分布区，也是施肥的最佳区。根系分布吸收原理和多年来的施肥实践证明，距主干越近，肥料利用率越低。

将肥料施入树颈附近，此处大都是骨干根，根系不吸收肥料。如果施入没有充分腐熟的有机肥，或者是化学肥料，很容易烧坏粗根，严重时引发根腐病。

因此，无论是施基肥或追肥，宁远勿近，不要怕根系不吸收，因为所有植物的根系都有驱肥性和驱水性，前面有肥水，它会迅速地吸收。但是，如果后面有肥水，前面的根系不会再转向后面吸收。

④界面效应：多点连片 银杏树根系的分布，都是以树干根颈为中心，逐渐向外延伸。进行银杏树施肥时，无论采用多点穴施、环状沟施，还是条沟施，施肥的部位都要照顾四面八方根系的吸收。施肥穴分布得越多，肥料被吸收得越多，利用率越高；施肥穴挖得越少，肥料吸收利用得越少，肥料利用率也就越低。

⑤速溶效应："肥水一体化" 无论什么季节施肥，都要依据天气情况和土壤中含水量进行。如果施肥时正遇到天气干旱，土壤中又极端缺水，必须配合浇水同时进行，也称"肥水一体化"。否则，不但施下去的肥料难以溶解，不能起到应有的作用，而且还会灼伤根系，造成肥害，给银杏生产造成不应有的损失。采用肥水一体化，可有效提高肥料利用率。

综上所述，如果施肥的时间过早或过晚，施肥的部位距表层过深或过浅，距主干根颈过近或过远，施肥时图省事，"穴少不连片"，干旱季节也不浇水，那么，肥料的利用率就很低，甚至能起到相反作用。

（6）微生物菌肥是施肥的趋势

为了使银杏树快速生长，几十年以来，每年都要连续多次地施用化学肥料，而氮、磷、钾的综合利用率只有30%多，甚至还会越来越低。另外60%多的元素除了一小部分变成气体（如氨气）进入大气层，其余的全都残留在土壤内，形成一种固性元素（也称为不可给元素），永远不能供给银杏树根系吸收利用。经年累月，土壤中固性元素越积越多，严重破坏土壤结构和理化性能，污染土壤环境，导致土传病害年趋加重。近年来，在多地进行土壤普查时，发现大多银杏园存在土传病害，黄叶病、小叶病、根腐病等屡见不鲜，且有逐年加重的趋势。如果施肥模式不改变，土壤继续恶化，土传病害会更加严重。

近年来，世界各国的科学家们经过大量的研究及试验示范，发现微生物菌肥在调理土壤、修复改良土壤、防治土传病害、清除土壤环境中的有毒物质和根结线虫，以及固氮、解磷解钾、养根壮树、提高产量和品质等方面，有明显的效果。近年来，随着微生物菌肥广泛的推广使用，彻底解决了果园内存在的许多问题，缓解了多年施用化学肥料带来的弊病。

微生物菌肥也称微生物菌剂，是根据土壤生态学原理、植物营养学原理，以及现代"有机农业"的基本概念而研制出来的新型菌肥。微生物菌肥是以微生物的生命活动供给植物、作物得到特定肥料效应的一种制品。

微生物菌肥，通俗地说，一是含微生物，二是含活性菌，三是含肥料。微生物菌肥含有机质等植物、作物所必需的营养成分，同时肥料中还含有大量的有益微生物菌，有益微生物菌在土壤中繁殖，有改良土壤、抑制土壤病虫害、解磷解钾、调节土壤 pH 值以及促发根系的功能。

① 微生物菌肥的作用

a. 增强银杏树生物防控能力 施用微生物菌肥，可增强银杏树抗病、驱虫、抗旱、抗涝、抗寒及防冻能力。

b. 改善土壤理化性能，提高土壤肥力 微生物菌肥是高科技产品，能将空气中的游离氮固定下来，转化为铵态氮供给银杏树氮素营养，还能将土壤中不易被植物吸收的固性磷、钾以及中量元素激活，使其转化为容易被根系吸收的可溶性磷、钾及中量元素。此外，微生物菌肥还含有锌、锰、钼、铁、钙、铜等中微量元素和腐植酸，供植物、作物根系直接吸收利用，从而提高土壤肥力。通过大量有益微生物菌的活动，促使土壤形成团粒结构，增加通透性，破除土壤板结，有效提高保肥保水能力。

c. 可有效生根、养根、壮根　有益菌分泌的物质，刺激根系迅速生长，对根系有修复和再生功能，促进根系发达，使果树健壮、叶片肥厚、叶色浓绿，达到根壮叶茂、枝壮果优。

d. 能彻底改变银杏园土壤环境　施用微生物菌肥，不但可有效改善土壤性能，而且还能调节土壤，降解硝酸盐和农药残留；调节土壤 pH 值，增加氨基酸、糖分、微生物等含量，降低土壤中重金属含量；杀灭地下部分病菌和根结线虫，清除土壤中的垃圾；有效增加土壤中有机质和有益微生物种群数量，彻底改善土壤环境。

② 各种生物菌的作用

a. 枯草芽孢杆菌　固氮，增加植物、作物抗逆性。

b. 巨大芽孢杆菌　解磷，具有很好的降解土壤中有机磷的功效。

c. 胶冻样芽孢杆菌　解钾，释放出可溶磷钾元素，以及钙、镁、硫、铁、锌、钼、锰等中微量元素。

d. 地衣芽孢杆菌　抗病，杀灭有害菌。

e. 苏云金芽孢杆菌　杀虫（根结线虫），对鳞翅目等节肢动物有特异性的毒杀作用。

f. 侧孢芽孢杆菌　促生根，杀菌，降解重金属。

g. 胶质芽孢杆菌　有解磷、解钾和固氮功能，分泌多种酶，增强植物作物对一些病害的抵抗力。

h. 泾阳链霉菌　具有增强土壤肥力，刺激作物生长的能力。

i. 菌根真菌　扩大根系吸收面，增强根毛对各种元素的吸收能力。

j. 棕色固氮菌　固定空气中的游离氮，增产。

k. 光合菌群　肥沃土壤，促进光合作用，提高光合作用效率，是促进植物生长的主力军。

l. 凝结芽孢杆菌　可降低环境中的氨气、硫化氢等有害气体含量，提高果实中氨基酸的含量。

m. 米曲菌　使秸秆中的有机质成为植物生长所需的营养，提高土壤有机质含量，改善土壤结构。

n. 淡紫拟青菌　对多种线虫都有防治效果，是防治根结线虫最有前途的生防制剂。

多种复合菌相互促进，相互补充，抗土传病害效果非常明显。有益菌群相互协同，共同作用，能使果树达到枝繁叶茂、树壮果优。

③ 微生物菌肥的特点　微生物菌肥是活体肥料，其作用除了靠其含有的有机质和多种元素外，还依靠大量有益微生物的生命活动代谢来完成。只有当这些有益微生物菌处于旺盛的繁殖和新陈代谢的情况下，物质转化和有益代谢产物才能不断形成，因此，生物肥料中含有益微生物的种类、生命活动旺盛，是其有效性的基础，而不像其他化学肥料的肥效以氮、磷、钾等主要元素的形式和含量为基础。

因为微生物菌肥是活性剂，所以其肥效与活菌数量、活动强度及周围环境条件密切相关，包括温度、水分、酸碱度、营养条件及原生活在土壤中的"土著微生物"的排斥作用都对其肥效有一定影响。

根据我国作物种类和土壤条件，采用微生物肥料与化学肥料配合使用，既能保证增产，又减少了化肥使用量，提高了化肥的利用率，降低成本，同时还能改善土壤，提高产量及果实品质，减少污染。

④ 微生物菌肥在绿色食品生产中的作用　随着人们生活水平的不断提高，尤其是人们对生活质量提出了更高的要求，国内外都在积极发展绿色农业，生产安全健康、无公害的绿色食品。

生产绿色食品的过程中，要求不用、尽量少用（或限量使用）化学肥料、化学农药和其他化学物质。肥料首先必须保护和促进施用对象的生长和提高其品质，其次，不造成施用对象产生和积累有害物质，而且对生态环境无不良影响，微生物菌肥基本符合以上三个原则。

近年来，我国已用具有特殊功能的菌种制成多种微生物菌肥，不但能缓和或减少农产品污染，而且能够改善农产品的品质。

⑤ 如何选择微生物菌肥　微生物菌肥因具有速效性和长效性（有效期可长达300多天）的特点，最适宜作为基肥来施用。

微生物菌肥一定要通过试验、对照比较后，才能进行推广、购买、使用。购买微生物菌肥时，要选择正规大肥料厂家生产的优质菌肥。一看是否过了产品有效期。一般超过生产日期一年的微生物菌肥活性会明显降低。二看有无农业登记证。三看是否用有机肥冒充微生物菌肥。另外还要看包装袋上标明的活性菌数是否符合国家规定（国家规定微生物菌剂有效活性菌 ±2 亿/g，颗粒状的 ±1 亿/g，复合微生物菌肥料和生物有机肥有效活性菌 ±2000 万/g），不合格的生物菌肥不要购买。四看微生物菌肥存放或者用到地里一段时间，会不会"长毛"。长毛是因为菌肥中微生物在适宜环境下进行大量繁殖，并不是肥料有问题。相反，恰恰说明其中微生物菌活性高，抗逆性强，在恶劣环境下也能够存活。同时还要闻一闻，正规微生物菌肥选用的有机质发酵出来应该是芳香味，而不是恶臭味。考察菌肥好坏，有个关键指标就是抗逆性，也就是菌种在不利环境下的生存能力。

2.3.2.1　基肥

基肥是全年银杏树生长结果所需要的基础肥料，施肥的量要占全年所需要肥料的 70% 以上。俗语说："秋施金、冬施银、春天施肥糊弄人。"这就充分说明了秋施基肥的重要性。

"秋施金"，因为秋天的气温和地温都比较高，容易使施入的基肥分解、转化，及时地供应根系吸收、贮存。另外，秋季又是树体营养储备期，这一时期，根系吸收的营养物质，除了部分被树体消耗以外，全部储存在"仓库"里。髓就是果树营养物质贮存的"总仓库"，也称为"分配中心"。秋天根系吸收贮存的营养物质，待春天开花坐果、抽枝展叶、幼果膨大、花芽分化等需要营养时，由"分配中心"进行供应。

"冬施银"，冬季气温和地温是一年之中的最低点，施入的基肥，由于土壤温度低，不能够进行分解、转化，根系无法吸收利用。再加上冬季根系全部进入休眠期，因此，营养物质"总仓库"里，无法充足地贮存营养，势必影响翌年春天的营养生长和生殖生长。

"春天施肥糊弄人"，春天气温和地温均低，特别是地温回升得更慢。施入的所有肥料，在短时间内很难分解、转化，无法满足根系的吸收利用。直到 5 月份，地温升高，肥料经过分解、转化后，方能起到作用。

（1）　施基肥的最佳时期

银杏园施基肥的最佳时间，是由其根系生长吸收规律来决定的。我国的中东部大部分地区，进入 9 月中旬，银杏树的枝叶逐渐停止生长，地下的根系便开始活动，9 月下旬逐渐进入根系生长高峰期。一直持续到叶片落完，土壤结冻，根系完全进入休眠期，根系才停止吸收，这是一年之中根系活动吸收最长的一段时期。基肥施入越早，吸收利用率越高，在树体内贮存的营养越多。

银杏树营养物质分配的原则，是"按需分配"。就是说，某个组织部位、某个生长时期需要多少营养，就供应多少营养。

一些果农秋施基肥一直拖到冬天，或者到翌年春天和追肥一块施入。但是，春天施下去的肥料，由于气温低、地温低，在短时间内很难分解、转化。无论什么肥料，都需要经过相当长一段时间，在适宜环境内才能分解、转化，才能被吸收利用。

（2） 基肥的种类

基肥的种类有合成的优质生物有机肥，微生物菌肥，各种饼肥，充分腐熟的畜禽粪便，混加硫酸钾的复合肥等。

微生物菌肥、优质生物有机肥，以及各种优质有机肥，是当前和今后相当长一段时期果树施肥的一大趋势；是维持强壮树势，生产优质银杏果品，加快整个树体迅速生长的重要选择；是活化土壤、修复土壤、增加土壤通透性、提高土壤肥力的基本保证；也是减少土壤过多使用化学肥料造成的污染，降低土壤中农药残留的重要手段。

以上的基肥种类，除配合的复合肥以外，无论是生物有机肥还是微生物菌肥，其载体都全部都是有机肥。秋施基肥要以有机肥为主，因为有机肥料具有长效性和迟效性，又富含大量有机质。银杏树在整个年周期生长中，迟效肥料发挥着一定的作用。有机肥料能有效增加土壤有机质含量，改善土壤的理化性能，增加土壤的通气性和透水性，尤其对黏重土壤更为重要。由于提高了土壤的保肥保水能力，有利于根系的快速生长。同时，微生物和活性菌分解有机质时，又能释放出一定的热量，对防止银杏冻害起到良好的作用。

（3） 施肥数量

施肥量受多种因素的控制，在一定范围内，增加肥料能使银杏树健壮生长，提高产量。但是，并不是肥料施得越多效果越好。如果施肥过量，或者施肥过于集中，反而会使树体营养生长与生殖生长失去平衡，不能达到果材丰收的目的，甚至会造成树体生长衰弱。因此，必须从各方面进行综合分析，才能正确提出银杏园的合理施肥量。无论是基肥，还是追肥，都要全盘综合考虑，不是多多益善。

应依据树龄、树势和结果量来确定施肥量。定植 1～10 年的一些幼树，根系少，吸收地下矿质元素和水的能力小，施肥量小一些，生物菌肥或生物有机肥每棵树每年 0.25～2.5kg，混加 0.05～0.5kg 氮磷钾复合肥即可。10 年以上的树，随着树龄逐渐增长，根系、树上枝叶量和树冠也随之扩大，根系的吸收功能也逐年增强，因此每年的施肥量也要逐年地增加。

进入初结果期的树，结果量逐渐增加，树体生长势也逐渐增强，施肥量也要每年逐渐增加。进入盛果期的树，树势已基本缓和，产量已经达到最高点，施肥量就要适当多一些。

（4） 施肥位置和方法

银杏树的枝梢和根系的集中分布区基本上相对应，因此，树冠外围枝梢垂直投影处，是施肥的合理位置。采用多点穴施、环状沟施、半环状沟施，也可用开沟机在树冠外围处开沟施肥。

肥料施入后，要与土掺拌均匀、埋严、踏实，以免养分蒸发和遇雨水流失。然后，视土壤含水量多少，来判断是否浇水。土壤水分充足时，可将肥料直接施入，用土埋严即可。土壤缺水时，结合浇水进行，使肥水一体化，利于根系吸收，提高肥料利用率。

如果是禽畜圈肥和农家肥，由于数量大，也可以进行撒施。肥料撒施后，用旋耕机进行旋耙。但是，有两个问题要注意：第一是时间，只能在秋季进行，因为秋季断根愈合快，旋断的根很快就能萌发新根，萌发的新根吸收能力更强。冬春及生长季节不要采用此法，因为断根不能迅速愈合，容易患土传病害。第二，只能偶尔采用一次，不能连续使用。因为旋耕机旋耕得比较浅，最深只达 20cm 上下，如果连年采用此法，容易引根向上延伸。

2.3.2.2 追肥

（1） 追肥的意义

追肥，主要是补充树体储存营养的不足。5 月份是树体营养交换期，经过整个春天的开花结果、新梢加速生长、幼果膨大等新生组织器官的建造，耗尽了树体内贮存的营养。果实即将进入迅速膨大期，树体内营养物质一旦缺乏，势必影响果实内部的细胞分裂，影响树体生长发育，难以达到快速生长的目的。

（2）追肥时期和肥料种类

追肥宜在树体营养交换期之前施用，一般情况下，去年秋季施入的基肥，经过分解、转化、吸收、贮存，半年多以来，陆续分配至银杏树上各个组织器官供其生长发育。进入5月上中旬，已经是枝梢迅速生长、果实大量消耗树体营养的关键时期。这时如果不能及时补充肥料的供应，势必影响树体各器官的建造，营养生长与生殖生长也不能正常进行。

追肥，可选择高效硫酸钾型复合肥，或高浓度优质水溶肥。

（3）追肥的数量与方法

① 追肥数量　银杏树树龄悬殊，追肥的数量也要根据树龄来确定。从定植开始，1～10年生的幼树，每棵树追施硫酸钾复合肥0.05～0.5kg，10年生以上的树，按照比例逐年增加。进入结果期的树，追肥的数量要偏大一些。

② 追肥的位置和方法　追肥的位置和方法，基本上与施基肥一样，在树冠外围枝梢垂直自然投影处，采用多点穴施即可。肥料施入后，及时用土埋严，然后，视土壤含水量浇水。土壤水分充足时，可将水溶肥或其他膨大肥直接施入。土壤中含水分少时，应及时灌水，使肥水一体化，使根系尽快吸收利用，以提高肥料利用率。

2.3.2.3　叶面施肥

叶面施肥又叫根外施肥，是在树冠上喷洒含一定量溶液的施肥方法。此法简便易行，用肥经济，见效迅速。尤其对在土壤中易产生化学和生物固定作用的肥料和中微量元素，实行叶面施肥更为适宜。但是，叶面施肥不能代替土壤施肥，只能是土壤施肥的补充。

当抽生的叶片全部展开时，为提高叶绿素含量，可选择0.3%的尿素；为使叶片增大增厚，可选择0.5%硫酸钾；树上有小叶现象的，可选择0.2%硫酸锌；为使树体、枝叶强健，可选择0.3%的磷酸二氢钾进行叶面喷施，也可在树上喷药时，混合喷洒。

叶面喷施的营养元素，主要是通过叶片上的气孔及角质层进入叶内，然后输送到树体内和各个器官组织。一般喷后15min到2h，即可被叶片吸收。但是，吸收强度和速度，与肥料成分、肥液浓度、叶片老嫩、气温、空气湿度、风速和树体含水状况等有关。

幼叶生理机能旺盛，气孔面积较老叶大，因此吸收较快，吸收率也高。叶背和叶面气孔多，细胞间隙也大，有利于肥液的渗透和吸收。但是叶背要比叶面吸收得快，吸收率高，所以，在喷洒肥液时一定要注重叶背喷洒均匀周到，以便于叶片多吸收、快吸收。

喷洒时注意，夏季在多云天气的上午8：00～11：30，下午3：00～6：30喷洒为宜。喷洒后24h遇雨，需要补喷。

2.3.3　水分管理

（1）灌水

水分是银杏树赖以生存的基础，是生命活动的必要条件。银杏全树体50%是水分，果实、叶片含水量约为70%～80%，因此，在银杏的生长发育过程中，土壤含水量对全树体生长发育以及形成产量影响很大。从萌芽、抽枝展叶、开花结果，到果实膨大成熟，必须有足够的水分供给，水分供给不足，往往会造成新梢细弱，叶片瘦黄、单薄。灌水时期要着重于春、夏季，特别是几个生理关键期，如花前水、花后水、果实膨大水。

① 花前水　萌芽期间浇水，确保发芽、开花结果，促进嫩梢迅速生长，此期灌水非常重要。

② 花后水　花后浇水，能及时满足幼果膨大、新梢迅速生长的需要。

③ 果实膨大水　如遇干旱，及时浇水，以保证果实膨大、花芽分化和枝叶速长。

④ 越冬水　晚秋，如果遇到干旱时，应及时浇水，有利于树体营养的贮存，提高花芽质量，增强树体的抗寒和越冬能力，可在立冬前后进行。

叶片的光合作用、蒸腾作用和树体的呼吸作用，都需要大量的水分。树体内水分一旦亏缺时，叶片往往要从果实中夺取水分，以满足蒸腾作用的需要，被夺取水分的果实一段时间不发育，这时的叶片难以进行光合作用，无法制造光合产物供给根系，根系就要"挨饿"。根系得不到树上的营养，就无法再吸收地下的矿质元素和水，运往树上。因此，遇到天气干旱时，必须及时浇水，否则，就会出现树体营养不良、果实个头小的现象。

银杏园灌水，不是等到发现树上叶片出现萎蔫时再灌水，而是在刚刚出现一点旱情，树上没有出现缺水的症状时，就要进行灌溉。多年来的生产实践证明，我国中原地区黄淮流域的 4 月下旬至 5 月份，最容易出现土壤缺水的情况。这时正值树体营养交换期，也是银杏树需水的关键时期，要及时浇灌。

灌水时要注意，即使在夏秋天气严重干旱时，也不要进行大水漫灌，以防树体内营养失去平衡，原则上灌水应以水分渗透到根系集中分布区和分布层为准。

（2） 排水

银杏树的生长结果离不开水，但是，银杏树又怕涝，一旦进入汛期连续降雨，积水超过 8 ~ 10 天，就会引起大量落叶，大量根系窒息死亡，甚至整棵树死亡的现象。这是由于根系呼吸较旺盛，在土壤积水的条件下，得不到所需要的氧气，不能进行正常呼吸。

在建园前或建成园后，按照园块地形的分布情况，在园内建立排灌设施，做到旱能灌、涝能排。特别是夏季汛期，遇到连续降雨时，将低洼处的积水及时排出，以免出现涝灾。

2.4　病虫害防治

银杏栽培地域广，病虫的发生和危害程度，也常因地区和年份有所差异。被害银杏树往往生长发育衰弱，开花少，坐果率低，果实小。但是，银杏和其他果树相比，病虫害明显少得多，这是因为银杏树体内含有乙烯醛和多种有机物，如银杏酸、银杏酚、银杏酮，它们往往与糖结合成苷，或以游离的方式存在，具有抑菌杀虫的作用。因此，即便有些真菌侵入银杏机体内，也不能使其致病死亡，这是银杏古树长寿千年的奥妙。

近年来，在我国银杏集中栽培区，果农们采取了一些人工防治、生物防治和化学药剂防治相结合的方法，积累了丰富的防治病虫的经验。

2.4.1 主要病害及其防治

（1）银杏种核（白果）霉烂病

① 分布与危害　在银杏产区，这是一种很普遍的病害。主要发生在银杏种核贮藏期间，银杏种核霉烂不仅降低了白果的食用价值和育苗时期的出苗率，而且对人畜也会产生危害。导致银杏种核霉烂的真菌会产生一种有毒的致癌物质，称为黄曲霉菌素，因此，应当引起高度重视。

② 症状　霉烂的银杏种核，一般都带有酒糟的酸霉味，在中种皮上分布着黑绿色的霉层，生有霉层的种核，多数显湿性而变成褐色，切开中种皮，种仁内部变成糊状，有的一半变成糊状或保持原形。

③ 发生规律　银杏种核霉烂病，是综合影响的结果。成熟的银杏种核表面携带着较多的腐生菌类，这些菌类又普遍存在于各种容器、土壤、水、空气和贮藏室中，同时种核与这些菌类接触的机会较多，银杏种核的硬壳又为这些菌类的扩展创造了条件。银杏种核腐生菌的适生温度，一般为25℃左右。在贮藏室里，温度条件比较容易满足，这时如果银杏种核贮藏时，含水量过高或贮藏室中的湿度太大，通气条件不良、种子过早采收等，就成为使银杏种核霉烂的主要原因。

④ 防治方法　贮藏前，应将种子适当晒干，剔除破碎果、病果，贮藏室的温度保持在0~4℃最为适宜，并保持通风。贮藏前，对贮藏室应进行消毒处理，以减少病菌基数，保持室内卫生。

用种核混沙催芽时，先用0.5%高锰酸钾溶液浸种30min，然后用清水洗掉药液，再混入湿沙，湿沙用40%甲醛10倍溶液喷洒消毒，30min后摊开，待药味失散后再与种核混合。

（2）银杏茎腐病

① 分布与危害　又称为茎枯病、苗枯病，主要危害苗木。在夏季高温炎热的地区时有发生，尤以长江流域，特别是长江以南的高温高湿地区，发病较为普遍。该病在江苏、安徽、山东、湖南、湖北、浙江、江西、福建等

省均有发生，严重的苗木枯死率高达90%以上。

② 症状　银杏一年生苗木初发病时，根茎变成褐色，叶片失绿黄化，稍向下垂，但不脱落。感病部位迅速向上扩展，直至全株干枯死亡。苗木发病后，根茎部皮层稍微皱缩，内部皮层腐烂，呈海绵状或粉末状，灰白色，其中生有细小黑色的小菌核，病菌可以直接浸透至木质部，褐色的髓部也有小菌核产生，以后病菌逐渐扩展到根部，使根部皮层腐烂。如果拔出病苗，根部皮层脱落而留在土壤中。二年生苗木也能感病，发病时，地上部分枯死后，有的还能在根茎以下萌生新芽，一年生苗木发病轻的，也有的出现这种现象。

③ 发生规律　茎腐病菌通常在土壤中生存，属于弱寄生菌。温度、湿度适宜时，自伤口处侵入寄主。病害的发生与寄主的生长状况及环境条件有密切关系。苗木受害，主要是由于夏季炎热，土壤温度过高，苗木根茎部受高温损伤，造成病菌侵染，特别是在苗圃低洼容易积水处，苗木生长较差，发病率也显著增加。苗木一般在汛期结束后10～15天开始发病，以后发病率逐渐增加，一直到9月中旬以后方才停止。因此，可以根据每年汛期结束的日期，来预测茎腐病开始发病的日期，也可根据6、7、8三个月份的气温变化，来预测当年病害的严重程度，对茎腐病的防治有重要意义。

④ 防治方法　培育健壮苗木，提高苗木抗病能力。秋末冬初，翻地冻垡，播种前施足基肥，适时浇水、松土、除草，操作时切勿碰伤苗木茎秆，这样可以使发病率降低50%以上。

在水源方便的苗圃，高温干旱时要及时浇水、勤浇水，既能降低地温，又可减少苗木发病率。发病期间，喷洒70%甲基托布津800倍液，或40%苯醚甲环唑1000倍液，喷药一周后，喷一遍1:2:250倍波尔多液保护苗木。

（3）银杏干枯病

① 分布与危害　银杏干枯病在河南、河北、山东、陕西、江苏、浙江、江西、安徽、广东、广西等地均有发生。该病主要危害枝干，寄主感病后，病斑迅速蔓延枝干，常导致整个枝干或全树干枯死亡。

② 症状　病菌自伤口侵入主干、主枝或枝条后，在光滑的树皮上产生变色的圆形或不规则形的病斑，在粗糙的树皮上不太明显，以后病斑逐渐扩展，并渐渐肿大，树皮纵向开裂。春季在受害的树皮上可见褐黄色疣状物，

当天气潮湿时，从病斑处分泌出一条条淡黄色或黄色卷须状的分生孢子角，秋后整个病斑变成橘红色或酱红色。病斑中逐渐形成子囊壳，病树皮和木质部之间可见羽毛状的菌丝层，由污白色逐渐变为黄褐色。

③ 发生规律　该病菌属于弱寄生菌，分生孢子和子囊孢子均能进行侵染。病菌以菌丝体及分生孢子器，在病枝上和树茎周围的土壤里越冬，翌年春季温度回升后，病菌开始活动。长江流域和长江以南地区，3 月底到 4 月初病菌开始活动。但这时气温偏低，4 月下旬至 5 月上旬，分生孢子借风雨、昆虫、鸟类传播，并可多次侵染。6 月中、下旬以后进入汛期，属于高温高湿的梅雨季节，是发病的适宜时期。病斑扩展明显加快，尤其是 7、8、9 三个月份，病斑扩展更快。10 月下旬以后，气温逐渐下降，病斑扩展的速度又明显缓慢下来。

④ 防治方法　由于病原菌是一种弱寄生菌，只有在树体衰弱的情况下，才会受病菌侵染。因此，要加强对土肥水的综合管理，多施微生物菌肥和生物有机肥，有条件的可以增施农家肥或圈肥，改良土壤，修复土壤，建造强大的根系，培养健壮的树体生长势，可有效减少病菌的侵染。发现主干上有病斑，及时进行刮除，刮除深度可直达木质部，然后将刮除的病皮收集烧毁，消灭病源，并用腐必清、843 康复剂进行涂抹消毒。

2.4.2　主要虫害及其防治

（1）银杏大蚕蛾

① 分布与危害　又叫白果虫，各地区银杏产区均有发生，主要取食危害叶片。

② 生活史及发生规律　属鳞翅目大蚕蛾科，该虫一年发生一代，以卵在干裂粗皮缝里越冬，越冬时间很长，从 9 月中旬开始，到翌年的 5 月份卵孵化幼虫，越冬时间 8 个多月。幼虫期为两个月，主要是取食叶片，进行危害。7 月中旬结茧化蛹，蛹期约 40 天，9 月上旬羽化为成虫，整个成虫羽化期 10 天左右，羽化后就进行交尾产卵，从 9 月上旬到中旬产卵完成，卵产于背风向阳的老龄树表皮裂缝或凹陷处。

③ 防治方法　幼虫期可选用乐斯本、拟除虫菊酯类或甲维盐等农药喷

洒，对食叶类大蚕蛾有很好的防治效果。

（2） 银杏超小卷叶蛾

① 分布与危害　属鳞翅目小卷叶蛾科。分布于广西、浙江、安徽、江苏、湖北、河南等省（自治区）。幼虫多蛀入短枝和当年生长枝内危害，能使短枝上叶片和幼果全部枯死脱落，长枝枯断。

② 生活史及发生规律　该虫一年发生一代，以蛹在粗糙皮缝里越冬，3月上旬至4月中旬为越冬代成虫羽化期，4月中旬至5月上旬为卵期，4月下旬至6月上旬为幼虫危害期。7月上旬以后幼虫呈滞育状态，11月中旬化蛹越冬。

幼虫喜欢于树干中下部皮层中作蛹室结茧化蛹，成虫以9：00～15：00最为活跃，中午至傍晚交尾，以中午为主。交尾后栖伏于树干上、下部粗皮凹陷处，两天后开始产卵，卵单粒散生，一至二年生的小枝上可产卵2～4粒，卵期约8天。成虫的寿命约13天，最长23天。初孵幼虫爬行迅速，能吐丝织薄网，仅1.3mm长的虫体，可蛀入短枝内横向潜伏取食，致使被害枝条上着生的叶片和银杏果全部枯萎死亡。

虫害发生与外界环境条件有密切关系，树势差的以及老龄的树容易受害。因为超小卷叶蛾喜光怕荫，所以外围树体要比内部危害严重。

③ 防治方法　人工剪除被害枝，消灭幼虫。在幼虫孵化期，用氯氰菊酯、氯氟氢菊酯、溴氰菊酯或阿维菌酯喷洒，效果都不错。

（3） 樟蚕

① 分布与危害　樟蚕分布面积较为广泛，幼虫主要危害叶片，发生严重时，可将树上叶片吃光，严重影响银杏树生长结果，给果农造成巨大的经济损失。

② 生活史及发生规律　属鳞翅目大蚕蛾科，樟蚕一年发生一代，以蛹在枝干树皮缝里结茧越冬，成虫因地区、气候不同，羽化的时间也有差异。一般情况下，我国中东部地区3月下旬至4月上旬羽化，羽化盛期可延长到4月中旬。成虫羽化后即可交尾，两天后开始产卵。卵期30天左右，集中产卵于枝干上，由几十粒至百余粒整齐排列。5月中旬卵开始孵化，幼虫期特别长，达3个多月。8月下旬开始结茧化蛹，蛹期长达200～210天。

孵化出的幼虫有群集性，1～3龄期间，整齐地排列在叶片背面，都是群集危害，4龄后便可分散危害。幼虫在1～2龄期危害较轻，随着龄期增加，幼虫食量大增，常将叶片吃得只剩叶脉。老熟幼虫有下树的习性。

③ 防治方法　人工刮除卵块和茧；人工捕捉下树的老熟幼虫。在5月中下旬，幼虫1～3龄期间，用拟除虫菊酯类、甲维盐、乐斯本或阿维菌素喷洒，有很好的防治效果。

（4）舞毒蛾

① 分布与危害　该虫分布广泛，具有杂食性，危害多种果树，严重时整株树叶和嫩枝常被吃光。

② 生活史及发生规律　属鳞翅目毒蛾科，舞毒蛾一年发生一代，以幼虫在卵内越冬，翌年4～5月份树发芽时孵化，幼虫有吃卵壳的习惯。孵化出的幼虫吐丝下垂，借风吹传播扩散。7月间，老熟幼虫在树干上的粗皮缝内化蛹，但不结茧，7月下旬至8月上旬羽化，并交尾产卵。卵多产在树干或粗枝上，集中成块，卵块上面覆盖一层厚厚的绒毛，绒毛能使卵忍受－20℃的低温，以及水长时间的浸淹。

成虫繁殖时喜天气干燥、温暖稀疏的环境，雄蛾在白天常在树林里来回飞舞，而雌蛾则不大活动，停留在枝干上，成虫有趋光性。孵化出的幼虫，在温暖的晴天，几个小时后就开始取食叶片。

③ 防治方法　利用舞毒蛾的趋光性，园内设杀虫灯，诱杀成虫。

幼虫期用40%乐斯本1000倍液，或2.5氯氟氢菊酯1000倍液、4.5%高效氯氰菊酯1000倍液，可有效防治。

（5）黄刺蛾

① 分布与危害　属于鳞翅目刺蛾科。幼虫俗称刺蛾、洋辣子、刺儿老虎、毒毛虫等。幼虫体上有毒毛，园内操作时，易引起人的皮肤奇痛。

该虫分布非常广泛，在全国各地水果产区均有发生。刺蛾具有杂食性，除危害银杏外，还危害桃、李、杏、梨、苹果、樱桃、枣子、柿子、核桃、山楂等。同时还危害杂树，所有的绿化树木均受其危害。

② 生活史及发生规律　黄刺蛾在我国北方地区一年发生一代，在华中、华南地区，一年发生两代。在黄河故道至江淮流域，幼虫于10月在小枝上

结茧越冬，翌年5月中下旬开始化蛹，5月下旬至6月上旬羽化为成虫。羽化后的成虫即开始交尾、产卵，6月上旬为第一代卵期，6~7月为幼虫期，6月下旬至8月中旬为幼虫危害期，7月下旬至8月上旬为成虫期；第二代幼虫8月上旬开始发生，10月份结茧越冬。

成虫羽化多在傍晚，17~22时为产卵盛期。成虫夜间活动，趋光性不强。雌蛾产卵多在叶背，卵数粒排在一起。每雌虫产卵40~70粒，成虫寿命仅仅只有4~7天。幼虫多在白天孵化，初孵幼虫先食卵壳，然后取食叶下表皮和叶肉。4龄时取食叶片形成孔洞；5、6龄幼虫能将全叶吃光仅留叶脉。

幼虫老熟后在树枝上吐丝作茧。茧开始时透明，可见幼虫活动情况，后凝固成硬茧。茧初为灰白色，不久变褐色，并露出白色纵纹。结茧的位置高大树木上多在树枝分叉处，苗木则结在树干上。一年两代的第一代幼虫结的茧小而薄，第二代茧大而厚，第一代幼虫也可在叶柄和叶片主脉上结茧。

③ 防治方法　可人工防治及化学防治相结合，简单有效。

a. 人工防治　刺蛾幼虫有群集取食的特性，幼龄期间，常群集在某一片叶片上，发现后，及时摘除带虫枝、叶，加以处理，效果明显。

不少刺蛾的老熟幼虫，沿树干下行至树茎周围或地面结茧，可采取树干绑草等方法，及时予以清除。

叶片脱落后，及时清除越冬虫茧，刺蛾幼虫结茧越冬期长达7个月以上。可根据不同越冬场所，及时剪除越冬虫茧，并销毁。

b. 化学防治　黄刺蛾幼龄幼虫对药剂敏感，一般触杀剂均可奏效。结合防治舞毒蛾、卷叶蛾等其他害虫，可有效防治黄刺蛾。

2.5　整形修剪

2.5.1　整形修剪的意义

在我国银杏生产中，历史以来管理粗放，基本上不进行整形修剪，靠自然生长，自然更新。常常导致幼树枝条紊乱，树冠郁闭，通风透光不良，树形差，结果晚，长势衰弱，延长了投资年限，大枝易旺长，小枝易枯死，结果短枝少，老龄树内膛光秃，结果部位外移，产量低，经济寿命短。

近年来，由于新栽植面积不断增加，新的管理技术逐渐普及，彻底改变了传统的放任式生产管理模式，根据银杏树的生长结果习性，采用整形与修剪的技术措施。

银杏树高冠大，结果负载量重，经济寿命长。要符合它的生长结果习性，就必须通过整形来建造一个良好的树体骨架，充分利用光能，才能生产高大完整的良材，和产量高、品质优的银杏果。

在整形的同时，还要通过修剪来维持丰产的树形，调节树体各部位营养物质的分配和运转，调节生长与结果的关系，使其逐步形成丰产的理想树形，以达到连年高产稳产、树体强健的目的。

2.5.2 整形修剪的时期和方法

银杏树作为一种园林绿化树种，其长势、树形等都比较关键，通过修剪的方式，可以让树形保持美观，并保持良好的生长势，结构合理，层次分明，不偏冠。按照修剪的时间不同，又分为冬季修剪和夏季修剪，夏季修剪可作为冬季修剪的辅助措施。

（1）冬季修剪

冬季修剪也称休眠期修剪，从落叶后至次年发芽前进行。

① 整形修剪方法　银杏树的整形修剪方法比较多，常见的有短截、疏剪、回缩、缓放、刻伤等。

a. 短截　将一年生枝条剪去一段，留下一段的剪法都称为短截。一般剪去长枝的1/3，剪口以下保留壮芽（饱满芽），可抽生2~3个新枝；如果剪去1/2或3/4，剪口以下的大都是弱芽，不但抽生的枝条少，而且抽生的枝条生长势弱。

短截的目的主要是促发强旺的新梢，在银杏树上，短截只对幼树的主干延长枝，或健旺枝条的新梢具有明显的作用，对大树上的枝条作用不明显。因为银杏树的修剪反应较迟钝，剪口下发枝既少又弱，距树干愈远，短剪后发枝力愈弱，所以长枝轻短截优于重短截。

如果对 1 年生枝短截时，强旺枝条只抹除顶芽，或者只剪除顶端的 3～5 个芽，其剪口下 2～3 芽容易转化形成短果枝。相反，破坏短果枝的顶芽后，在短果枝中间又易抽生出长枝。这是银杏与其他果树相比独特的不同之处。生产中利用这一特性，调整树冠上长果枝和短果枝的比例，形成合理的、紧凑的结果部位，为立体结果、丰产、稳产创造良好条件。

b. 疏枝　将一年生枝或多年生枝从基部剪除称为疏枝，也叫疏剪。其作用是减少枝条数量，改善冠内通风透光条件，削弱和增强部分枝条的生长势。

疏枝对留在剪口以下的枝条有促进作用，对剪口以上保留的枝条有抑制作用。为加大层间距或层内距时，利用疏剪把多余的徒长枝、密挤枝、细弱枝、衰老的下垂枝、枯老枝、轮生枝或邻近枝自基部疏除。生产中利用的抹芽、除萌也是一种疏枝修剪措施，将不合理的位置处萌生的芽抹除，防止以后大枝的存在，抹芽只能在萌芽之时及时进行，切勿过晚，以免影响生长。

c. 回缩　对多年生枝短截一段，这种方法称为回缩，也叫缩剪。主要用于盛果期的大树和衰弱树，及老龄树的复壮修剪。幼龄银杏需要增加枝叶量，不宜用回缩的方法。

当主、侧枝需要改变先端延长枝伸展方向，开张角度或抬剪缩小角度，改善冠内风光条件时，也可采用回缩的方法。回缩更新时，剪口下需留出向上的隐芽或结果枝（也称为"跟枝"），以防止剪口以下的枝失水抽干，影响剪口芽萌发。

回缩可以改变先端枝条延伸的方向，可有效开张角度，改善树冠内的通风透光条件。幼龄银杏树需要增加枝叶量，少用或不用回缩，进入大量结果后，多用回缩更新。

d. 缓放　对一年生枝和主、侧枝的延长枝不进行短截，称为缓放，也叫甩放。缓放可使枝条继续延伸生长，增加短枝数量和枝龄。此法多用于盛果期以前的树，特别是幼龄树。

e. 刻伤　刻伤也称为目伤，就是为使芽眼按照要求萌发抽枝，在芽眼的上方 0.5cm 左右处横切一刀，刀口的长度超过下面的芽基，似眼上的眉毛，深达木质部。银杏隐芽寿命特别长，可达一两千年，萌发力也很强。冬季修剪时或早春萌芽前，在芽或枝的上方刻伤，阻止下部养分向上运输，可刺激刀口下芽春季萌发成枝。

刻伤的目的主要是促使萌枝补空，增加缺枝部位的枝量，使树形丰满，枝条充实。

② 几种树形的特点及其整形修剪　银杏树形有多种，如自然圆头形、自然开心形、高干疏层形等，树形应根据栽培目的和立地条件确定。下面介绍以采果为目的和以绿化观赏为目的的几种树形及其整形要点。

a. 多主枝自然圆头形（以结果为目的）　密植丰产园可培养建造这种树形。苗木栽植后，在 70～80cm 处定干，干高 1.5m 左右，有明显的中心干，主枝自然分层。层间距 0.8～1.2m，第一层主枝 3～4 个，第二层主枝 2 个，一般不留第三层主枝。两层主枝自然分布，上下互不重叠，各主枝上分生 2～3 个侧枝，形成一个树冠紧凑的圆头形树冠，全树高 3m 左右。

进入结果期后，疏除密生枝，更新复壮细弱枝，并使之分布均匀，此树形的优点是树干矮小、结构紧凑、通透性好、易成形，在集约经营的条件下，3 年见果，5 年有较高产量。

b. 三挺身形　也称主干开心形。干高 1.5～2m，在主干上分生 3～4 个主枝，每个主枝上选配 1～2 个侧枝，结果枝均匀分布在主侧枝的上下两侧，形成一个中心较空虚的扁圆形树冠。主枝开张角度 60°左右，主侧枝形成 45°角开张。

这种树形适合于专门结果的树，其优点是通风透光好，丰产骨架牢固，产量高。

c. 高干疏层形（以绿化观赏为主的树形）　其干高 2～2.5m，具有明显的中心干，第一层主枝 3～4 个，主枝层内距为 40～50cm，每个主枝基部之间保留 20cm 上下的距离，以防止出现"卡脖"现象。第二层主枝 2～3 个，第三层 1～2 个，第四、五层各一个主枝，全树共有主枝 7～10 个。第一层主枝分生角度 60°～70°，每个主枝选配侧枝 2～3 个，侧枝间距离 70～100cm。第一、二层间距 1.2～1.5m，二层以上侧枝 1～2 个，往上枝体较小，不配侧枝，层间距可缩减到 1～1.2m，全树高 10m 以上。

③ 冬季修剪的要点　银杏树的冬季修剪应掌握疏截结合、强弱有别的原则，以疏为主，疏密留稀，疏弱留强。主要疏除干枯枝、病虫枝、交叉枝、重叠枝、密生枝、细弱枝，同时，要适时回缩衰老的主、侧枝头，更新复壮和培养结果枝。

a. 树体结构与整形修剪的关系　生长健壮的银杏树体，萌发率和成枝力都很强。每年萌发一轮，层性明显，中心干有向上生长的特性，中心干的生长势与侧枝的生长势有明显的差异，粗细悬殊，因此适于整成主干型或高干疏层形。

在整形过程中，只要抑制强枝，增强弱枝的生长势力，使主枝间的生长势力保持平衡，并适当疏除密生枝，使树冠内通风透光即可。待成龄后，中心干不再向上伸展，而树冠逐渐向周围扩大，便形成了自然圆头形了。

由于银杏树自然分枝少，幼龄树枝对修剪反应迟钝，不会抽生过多的营养枝，所以，树冠形成年限较长。一株树的同一层几个主枝，往往不能在一年之中培养成，有时候需要经过两三年才能形成，因此，全树成形需要15年左右。

b. 枝条类型与生长结果的关系　银杏的雌雄花都发生在短枝上，短枝由长枝中下部的芽转化而来，这种短枝经 2～3 年的生长，叶片达 6 片以上，而且叶大而厚，才能形成花芽。短枝的顶芽是一个混合芽，短枝连续结果能力强，虽然每年延伸的很短，只有 0.2～0.3cm，但短枝的经济寿命很长，可达 26 年上下，3 年以上的短枝结果好，15 年后开始下衰。

短枝经过修剪，破顶芽刺激，顶芽的中心生长点还能抽生为长枝。短枝一旦被折断或顶芽枯死，也可由短枝上的潜伏芽萌发成新的短枝。这一切都充分说明，银杏结果枝组稳定，生长量小，连续结果能力强，并且容易培养和更新。

银杏营养枝少，不像苹果、梨、桃那样修剪反应敏感，长枝能自然抽生短枝，生长和结果矛盾较小，所以，修剪工作简便易行。只要注意培养骨干枝，调整长短枝的布局，按照从属关系，平衡枝条的生长势即可，不用考虑花芽的分化、形成和数量。只要有一个强健的生长势，每年都可以正常结果。

（2）夏季修剪

夏季修剪又称生长季节修剪。银杏树修剪主要以冬季修剪为主，配合夏季修剪效果更佳。夏季修剪得当，可大大减少冬季的修剪量。

及时对强枝进行摘心，控制长势和促发分枝，使枝条生长充实、芽体饱满，有利于改善光照，促进花芽形成和减少落果。夏季修剪的方法措施，包括抹芽、除萌、疏枝、环剥和疏花疏果等。

① 抹芽、除萌、疏枝　银杏树的萌芽性极强，即使数百年乃至千年的老树，也能自基部或主干枝上萌生枝条，形成过密徒长枝、竞争枝，除了在冬季修剪时疏除外，应该在夏季修剪时予以疏除。

抹芽、除萌要在新梢萌发后，半木质化时进行。抹芽、除萌的伤口越小，消耗树体营养越少；伤口越大，消耗养分也就越多。对于徒长枝、过密枝、重叠枝、交叉枝等，均可在生长季节，枝条尚未形成全木质化以前及时疏除，不但控制了不必要的生长，减少了树体营养的消耗，同时也改变了光照条件，增强树势，提高坐果率，促进果实发育，提高产量。

但是，留作补空的徒长枝不能疏除，要进行培养。对于冬剪时的剪锯口萌发的轮生枝，也不能全部疏除，可保留 1~2 个，以培养新的有用的结果枝组。

② 环剥　由于树体营养生长势强旺，花芽分化受阻，难以达到正常结果的目的。生产中必须采用环剥的措施，截断韧皮部的筛管，阻止树上的营养物质，在限定时间内不供应根系，逼迫树体由营养生长向生殖生长转化，可有效促进花芽形成。大约在一个月之后，环剥口基本上能完全愈合，树上的光合产物再重新供应根系。

在枝（干）上的某一段，上下割一刀，剥去一圈皮层的操作称作环状剥皮，简称环剥。环剥的宽度以当年能愈合为度，一般为枝（干）粗的 1/10。如果环剥过宽，则难以愈合，枝条易枯死。

还有一种环剥方法叫"环剥倒贴皮"，就是将剥去的皮上下倒过来再贴上去，贴上后再用塑料薄膜绑扎严，以利愈合。

环剥最好在晴天进行，环剥时一定要深达木质部，但不要伤及木质部。环剥口要平直，皮层要割彻底，防止"藕断丝连"。

北方银杏产区环剥一般于 5 月下旬至 6 月底进行。3 年生以上的嫁接树，树势旺盛难以形成花芽，才能进行环剥。树势衰弱者，应加强土、肥、水管理，不可进行环剥，否则，不仅形不成花芽、结果，反而促使树势更加衰弱，一两年内都难以恢复生长势。

实践证明，嫁接后 3~4 年的旺树，采用环剥措施，可有效促使成花结果，环剥倒贴皮成花效果要优于环剥。此法进行 1 次，2~3 年内有效。不过，这只能当作促花的一种辅助性措施，千万不要连年环剥，而且要在加强土肥水管理和病虫害防治等综合管理的基础上，方能发挥有效作用。

参 考 文 献

[1] 张洁. 银杏栽培技术 [M]. 北京：金盾出版社，2016.

[2] 曹福亮. 中国银杏志 [M]. 北京：中国林业出版社，2011.

[3] 林芝恩. 浅谈园林植物在现代城市绿化中的应用 [J]. 科学之友，2010，(14)：162-163.

[4] 孙超，崔茂彬. 邳州市银杏栽培技术 [J]. 现代农业科技，2011，(24)：242.

[5] 赵敏. 银杏的生物学特性及栽培技术 [J]. 现代农业科技，2010，(21)：146.

[6] 胡丙超. 银杏树的一般种植技术及管理措施 [J]. 农民致富之友，2015，(2)：141.

[7] 李湘华. 优质银杏栽培管理技术探析 [J]. 花卉，2016，(6)：75-76.

[8] 赵武娟. 银杏优质早实丰产栽培技术 [J]. 河北果树，2015 (1)：34-35.

[9] 黄克攀. 银杏的经济价值及栽培管理技术探讨 [J]. 绿色科技，2016，(1)：21-22.

[10] 万丽英. 银杏树的栽培与管理技术 [J]. 河南农业，2016，(4)：52.

第 3 章

银杏活性成分及提取分离技术

从古至今，银杏的药用价值一直受到人们的关注。明代李时珍在《本草纲目》中记载了银杏具有"入肺经，益肺气，定喘咳，缩小便"之效。《中药志》中亦记载了银杏果实具有平喘止咳、祛痰、利尿以及治疗某些疑难杂症等功效。银杏是植物界的"活化石"，在漫长的岁月中经过时间的变迁和气候的考验，其体内的次生代谢产物异常丰富。为什么银杏具有这些功效？其所含的成分与活性之间到底存在怎样的联系？带着这些疑问，本章将开启银杏的化学成分之旅，展示银杏内部丰富的化学世界和多彩的化学结构。

20世纪50年代，德国Schwabe公司开始对银杏开展研究，主要目的是从银杏叶提取物中寻找一个有效的活性组分，从而最大限度地发挥其药用价值。1966年，德国科学家Willarnar Schwabe首先发现银杏叶提取物EGB761可以用于治疗心脑血管疾病和神经系统疾病，副作用小。Schwabe公司的研究结果被欧洲认定为银杏叶提取物标准，该标准品被称为EGB761。20世纪60年代，德国科学家发现银杏黄酮有防治心脑血管疾病和降血脂的作用。银杏中富含多种化学成分，因其种类不同而有所差异。此外，银杏不同部位的化学成分分布亦有不同。目前从银杏叶中已发现160多种化合物，研究证实其主要有效成分为银杏黄酮类、银杏内酯类，以及银杏酸类化合物。银杏叶提取物中黄酮类化合物主要分为两类：黄酮醇及其苷，如槲皮黄酮、黄烷醇类、儿茶素等；双黄酮类，如白果双黄酮等。银杏种仁（白果）内含有丰富的营养成分和特殊的化学物质，主要包括淀粉、蛋白质、酚类、白果酸、黄酮类、萜类、生物碱、多糖类、氨基酸、微量元素等，还含有氢化白果酸、银杏内酯等成分。

3.1 银杏活性成分

3.1.1 银杏内酯类成分

时光回溯到1932年，日本化学家古川周二（Furukawa）从银杏的根和皮中分离到了苦味素（bitter principles）类成分，这是银杏化学研究史上的重大事件，而揭开其化学结构面纱的是美国哥伦比亚大学的中西香尔教授（Nakanishi）。

1967 年，中西香尔教授团队首次报道了从银杏叶提取物中发现的 4 个具有特殊结构的二萜内酯类（diterpene lactones）化合物银杏内酯 A、B、C 和 M（ginkgolide A、B、C、M）。银杏内酯类成分主要包括二萜和倍半萜类结构，它们是目前被发现的唯一拥有叔丁基官能团 [—C（CH₃）₃] 的天然物质。

银杏内酯类成分的化学结构非常奇特，其分子骨架小、结构非常紧密，分子中碳骨架高度官能团化，整个分子呈扭曲的笼形结构，6 个五元环互相缠绕在一起，包含 1 个螺 [4，4] 壬烷碳骨架、3 个 γ-内酯环、1 个四氢呋喃环、1 个叔丁基侧链和十几个手性中心，如银杏内酯 B 含有 11 个立体中心。1967 年，Nakanishi 和 Sakabe 等采用化学和光谱等方法对银杏内酯的结构进行鉴定，并从银杏的根皮中分离得到银杏内酯 M。1987 年又从银杏叶中分离得到银杏内酯 J（ginkgolide J），均为含有 20 个碳原子的二萜类化合物。2001 年，王颖等从银杏内酯提取物中分离得到银杏内酯 K 和银杏内酯 L。2009 年，Zhang 等从银杏叶中分离出银杏内酯 N。2011 年，Liao 等从银杏叶中分离得到 2 个微量成分银杏内酯 P 和银杏内酯 Q。在上述各成分中，银杏内酯 B、M、J、P 互为同分异构体；银杏内酯 Q 与银杏内酯 C 互为同分异构体。值得关注的是，中国的科学家近年来相继从银杏中发现了 GK、GL、GN、GP 和 GQ 等成分（图 3-1）。

1987 年，Weinges 又从银杏叶中分离得到倍半萜类成分白果内酯（图 3-2）。白果内酯是目前从银杏叶中发现的唯一一个倍半萜内酯，由 15 个碳原子组成，含有 4 个五元环，包括 1 个戊烷环和 3 个 γ-内酯环，同时侧链上亦含有 1 个叔丁基。实际上白果内酯是二萜内酯的环氧化开裂降解产物。随着科学技术的发展，1972 年，Weinges 等采用核磁和质谱技术对白果内酯和银杏内酯 A、B、C 的结构进行了鉴定。

由于银杏内酯类成分在银杏叶和根皮中的含量极低，仅为万分之几甚至百万分之几，茎皮及根皮内部组织中则含量更低，其中银杏内酯 M 仅存在于银杏的根皮中，其他银杏内酯类化合物仅在银杏叶中发现。为了提高银杏内酯的产量，化学合成成为了最佳手段。1990 年，诺贝尔化学奖获得者哈佛大学 Corey 教授等采用逆合成分析法成功地合成了银杏内酯 B（图 3-3）

和银杏内酯 A。这也是有史以来银杏内酯类成分首次采用全合成方法制备得到，该研究成果发表在《德国应用化学》杂志上，为后续银杏内酯类成分的研究提供新的思路和方法，也为将来工业化生产奠定基础。

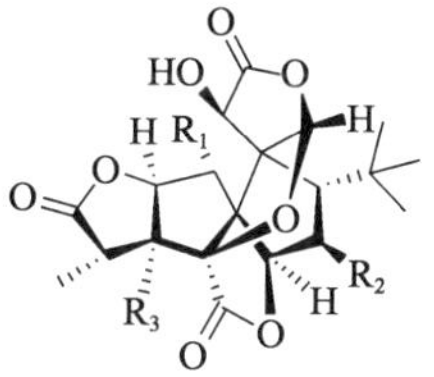

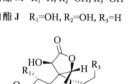

银杏内酯 **A**　R₁=H, R₂=H, R₃=OH
银杏内酯 **B**　R₁=OH, R₂=H, R₃=OH
银杏内酯 **C**　R₁=OH, R₂=OH, R₃=OH
银杏内酯 **M**　R₁=H, R₂=OH, R₃=OH
银杏内酯 **J**　R₁=OH, R₂=OH, R₃=H

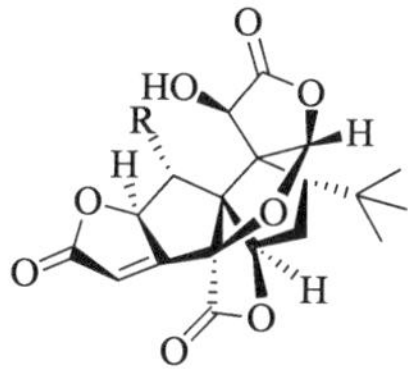

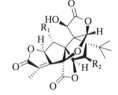

银杏内酯 **K**　R=OH

银杏内酯 **P**　R₁=H, R₂=H, R₃=OH
银杏内酯 **Q**　R₁=OH, R₂=H, R₃=OH

银杏内酯 **L**　R₁=H, R₂=H
银杏内酯 **N**　R₁=OH, R₂=OH

图 3-1　银杏内酯类化合物的化学结构

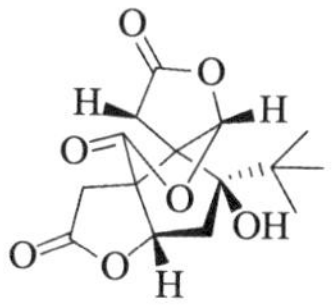

图 3-2　白果内酯（bilobalicle）

3.1.2　银杏黄酮类成分

作为自然界中重要的一类活性成分，黄酮类成分一直以来备受关注。黄酮类化合物一般是由两个具有酚羟基的苯环通过中央三碳原子相互联结而成的一系列化合物，其基本母核为 2-苯基色原酮。黄酮类成分按结构一般又分为单黄酮、黄酮醇、二氢黄酮、双黄酮、黄酮苷及儿茶素类。银杏中富含黄

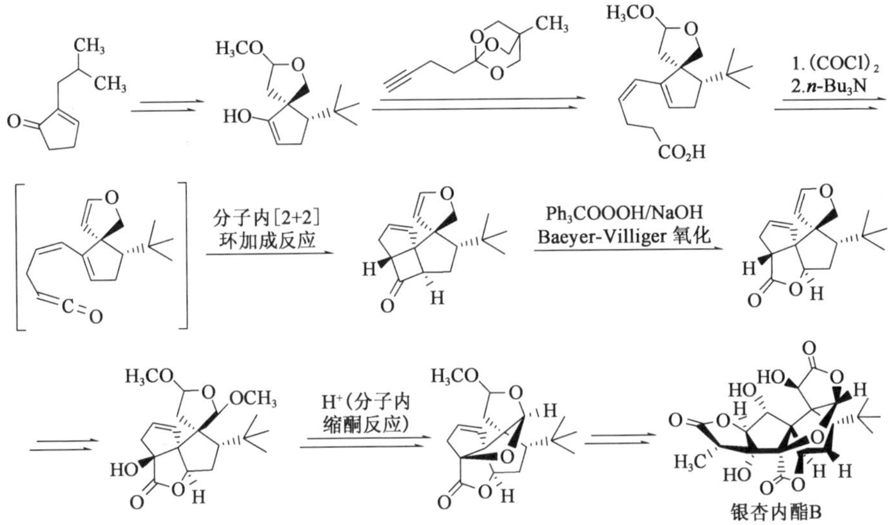

图3-3　Corey 全合成银杏内酯 B 的合成路线

酮类成分，迄今为止从银杏叶中共分离得到 58 个黄酮类化合物（图 3-4），主要为黄酮（flavones）及黄酮醇类（flavonols）43 个，其中包括桂皮酰黄酮醇苷（cinnamoyls）4 个。赵一懿等报道的化合物有 5，7-二羟基-4′-甲氧基黄酮醇-3-*O*-芸香糖苷、槲皮素-3-*O*-β-D-葡萄糖苷、槲皮素-3-*O*-α-L-鼠李糖苷、槲皮素-3-*O*-芸香糖苷（芦丁）、槲皮素-3-*O*-(2″,6‴-α-L-二鼠李糖)-β-D-葡萄糖苷、槲皮素-3-*O*-(2″-β-D-葡萄糖)-α-L-鼠李糖苷、槲皮素-3-*O*-α-L-鼠李糖-2″-(6‴-对香豆酰基)-β-D-葡萄糖-7-*O*-β-D-葡萄糖苷、槲皮素-3-*O*-α-L-鼠李糖-2″-(6‴-对香豆酰基)-β-D-葡萄糖苷、异鼠李素-3-*O*-芸香糖苷、异鼠李素-3-*O*-(2″,6‴-α-L-二鼠李糖)-β-D-葡萄糖苷、木犀草素-7-*O*-β-D-葡萄糖苷、芹菜素-7-*O*-β-D-葡萄糖苷、丁香亭-3-*O*-芸香糖苷、山奈酚-3-*O*-芸香糖苷、山奈酚-3-*O*-(2″-β-D-葡萄糖)-α-L-鼠李糖苷、山奈酚-3-*O*-α-L-鼠李糖-2″-(6‴-对香豆酰基)-β-D-葡萄糖苷。梁文琳等报道的化合物有槲皮素-3-*O*-2′-(6′-*p*-香豆酰基)葡萄糖苷、槲皮素-*p*-香豆酰基-双葡萄糖苷、山奈素-3-*O*-β-D-葡萄糖、山奈素-3-*O*-α-L-鼠李糖苷、山奈素-*p*-香豆酰基-双葡萄糖苷、山奈素-3-*O*-2′-(6′-*p*-香豆酰基)葡萄糖苷、山奈素-3-*O*-(2′,6′-α-L-二鼠李糖基)-β-D-葡萄糖苷、藤菊黄素-3-*O*-芸香糖苷、藤菊黄素-3-*O*-β-新橙皮苷、丁香黄素-3-*O*-2′-葡萄糖基-鼠李糖苷、异鼠李素-3-*O*-β-D-葡萄糖苷、木犀草素-3-*O*-葡萄

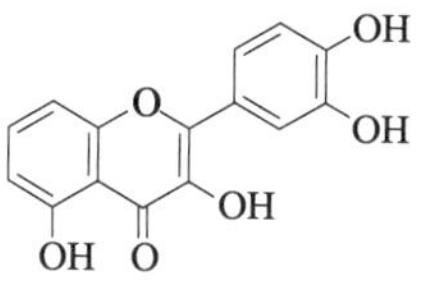

槲皮素 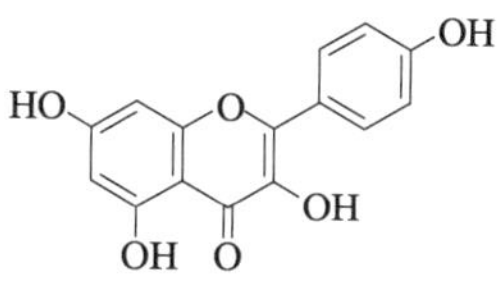　　　　　山柰酚 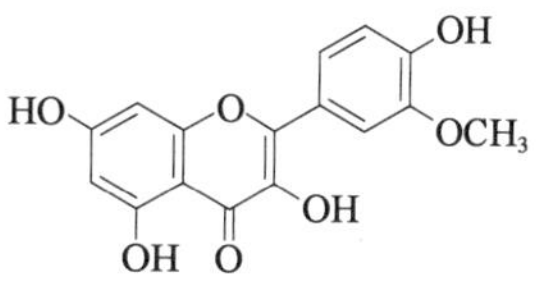　　　　　异鼠李素

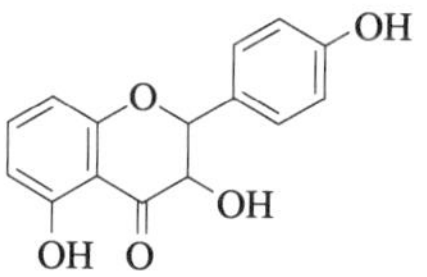

香橙素

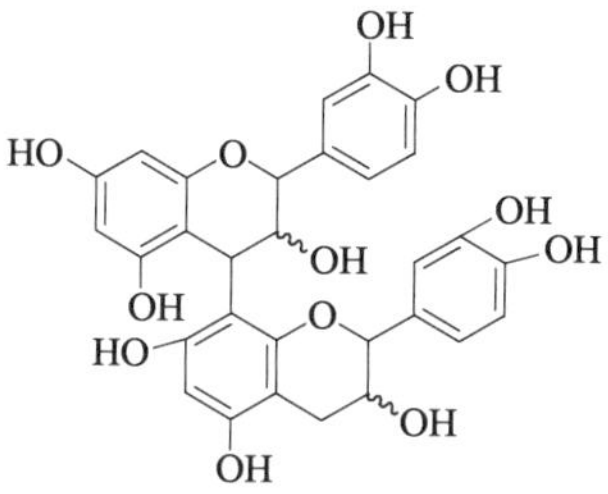

原花色素 (procyanidin) 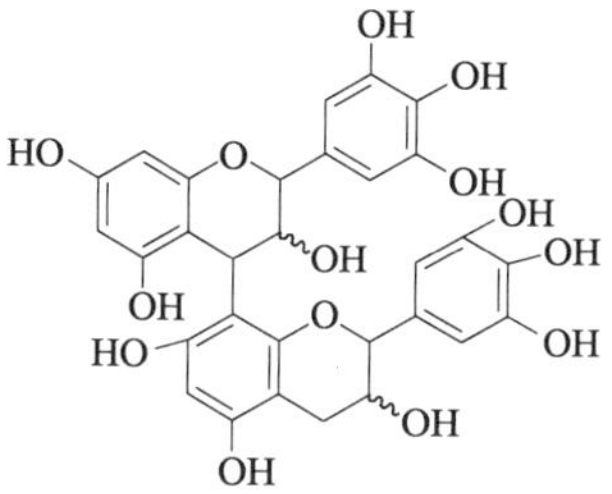　　　　　原花色素 (prodelphinidin)

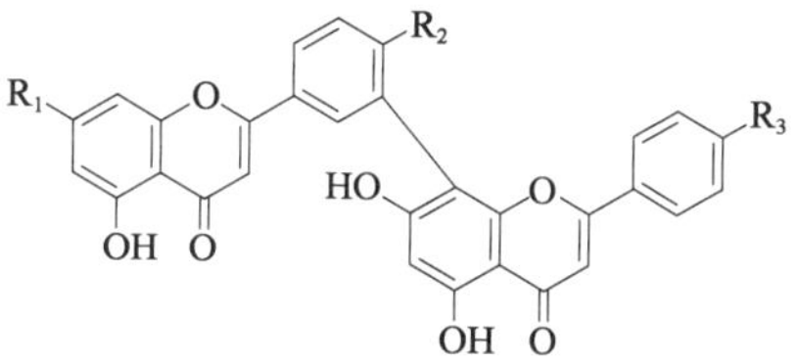

穗花杉双黄酮　　　$R_1=R_2=R_3=OH$
白果黄素　　　　　$R_1=R_3=OH, R_2=OMe$
红杉双黄酮　　　　$R_1=OMe, R_2=R_3=OH$
银杏素　　　　　　$R_1=R_2=OMe, R_3=OH$
异银杏黄素　　　　$R_1=OH, R_2=R_3=OMe$
金松双黄酮　　　　$R_1=R_2=R_3=OMe$

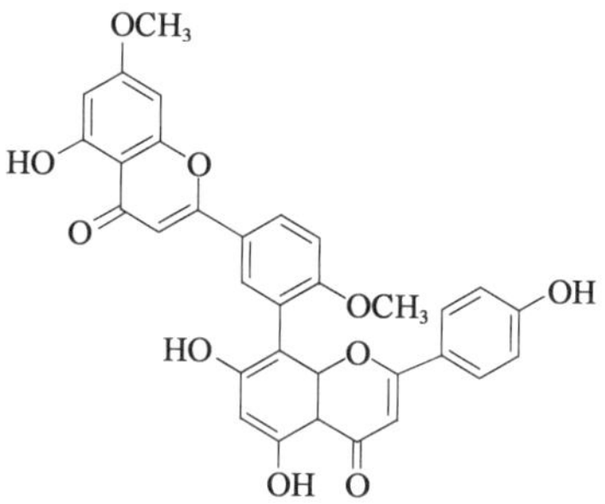

银杏素 (ginkgetin)

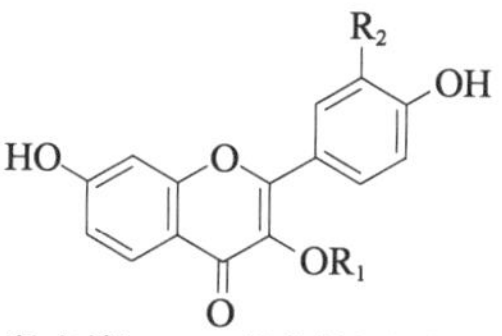

3-O-(6′-O-(α-L-鼠李糖)-$β$-D-葡萄糖)山柰酚　　　　　　R_1=glc-rha, R_2=H
3-O-(6′-O-(α-L-鼠李糖)-$β$-D-葡萄糖)槲皮素　　　　　　R_1=glc-rha, R_2=OH
3-O-(2′-O,6′-O-二(α-L-鼠李糖)-$β$-D-葡萄糖)山柰酚　　R_1=glc-(rha)$_2$, R_2=H
3-O-(2′-O,6′-O-二(α-L-鼠李糖)-$β$-D-葡萄糖)槲皮素　　R_1=glc-(rha)$_2$, R_2=OH
3-O-(2′-O-(6″-O-(对香豆酰基)-$β$-D-葡萄糖)-α-L-鼠李糖)山柰酚　R_1=glc-rha-coumaroyl, R_2=H
3-O-(2′-O-(6″-O-(对香豆酰基)-$β$-D-葡萄糖)-α-L-鼠李糖)槲皮素　R_1=glc-rha-coumaroyl, R_2=OH

图 3-4　银杏黄酮类成分

糖或山柰素-O-己糖苷、3-甲基杨梅酮-3-O-芸香糖苷。张苗苗等报道的化合物有槲皮素、山柰素、异鼠李素。徐澄梅等报道的化合物有木犀草素、芹菜素、穗花杉双黄酮、山柰酚、白果黄素、银杏黄素、异银杏黄素、金松双黄酮。曾献等报道的化合物有三粒麦黄酮、杨梅树皮素、阿曼托黄素、5′-甲氧基白果黄素、杨梅树皮素-3-葡萄糖-6-鼠李糖苷、3′-甲基杨梅树皮素-3-葡萄糖-6-鼠李糖苷、槲皮素-3-鼠李糖-2-(6-对羟基-反式-桂皮酰)-葡萄糖苷、山柰素-3-鼠李糖-2-(6-对羟基-反式-桂皮酰)-葡萄糖苷、槲皮素-3-鼠李糖-2-(6-对羟基-反式-桂皮酰-葡萄糖)-7-葡萄糖苷、槲皮素-3-鼠李糖-2-(6-对葡萄糖氧基-反式-桂皮酰)-葡萄糖苷、山柰素-3-鼠李糖-2-(6-对葡萄糖氧基-反式-桂皮酰)-葡萄糖苷、儿茶素、表儿茶素、没食子酸儿茶素、表没食子酸儿茶素。

随着分离技术的发展，研究者又从银杏叶中分离鉴定了9种双黄酮类成分，其中苷元7种，分别为金松双黄酮（sciadopitysin）、银杏双黄酮、异银杏双黄酮、去甲银杏双黄酮、1-5′-甲氧基白果素、三羟基黄酮、2,3-二氢金松素；双黄酮苷2种，分别为银杏黄素-7″-O-β-D-吡喃葡糖苷和异银杏黄素-7″-O-β-D-吡喃葡糖苷。

3.1.3 银杏酚酸类成分

银杏中的酚酸类（ginkgolic acids）成分主要存在于外种皮，不同的酚酸药理作用也不同。银杏叶中酚酸有7种，包括原儿茶酸（protocatechuicacid）、p-羟基苯酸（p-hydroxybenzoic acid）、香草酸（vanillic acid）、咖啡酸（caffeic acid）、p-香豆酸（p-coumaric acid）、阿魏酸（ferulic acid）和绿原酸（chlorogenic acid）（图3-5）。

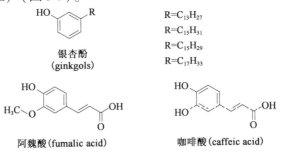

图 3-5 银杏酚酸类成分

银杏酸系水杨酸衍生物，为漆酚类物质，由于其具有抗菌、抗癌等活性，近年来这些化合物备受国内外学者关注。银杏酸中 C－6 位侧链 R 为直链饱和或不饱和单烯的 C_{15}、C_{17} 或 C_{13} 化合物，以 C_{15} 化合物为主。银杏酸为主要化合物，占总银杏酸类成分近 50%，银杏酸类成分结构如图 3-6 所示，均属于烷基酚酸类化合物（alkylphenolic acid compounds）。

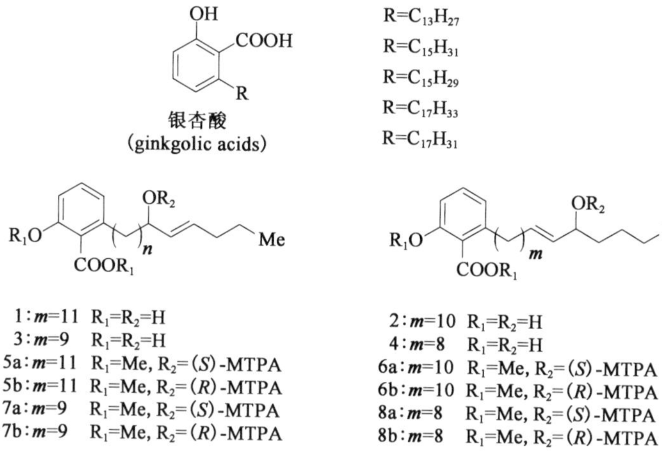

$R=C_{13}H_{27}$
$R=C_{15}H_{31}$
$R=C_{15}H_{29}$
$R=C_{17}H_{33}$
$R=C_{17}H_{31}$

银杏酸
(ginkgolic acids)

1: $m=11$ $R_1=R_2=H$
3: $m=9$ $R_1=R_2=H$
5a: $m=11$ $R_1=Me, R_2=(S)$-MTPA
5b: $m=11$ $R_1=Me, R_2=(R)$-MTPA
7a: $m=9$ $R_1=Me, R_2=(S)$-MTPA
7b: $m=9$ $R_1=Me, R_2=(R)$-MTPA

2: $m=10$ $R_1=R_2=H$
4: $m=8$ $R_1=R_2=H$
6a: $m=10$ $R_1=Me, R_2=(S)$-MTPA
6b: $m=10$ $R_1=Me, R_2=(R)$-MTPA
8a: $m=8$ $R_1=Me, R_2=(S)$-MTPA
8b: $m=8$ $R_1=Me, R_2=(R)$-MTPA

图 3-6 银杏酸类成分

银杏中除了含有银杏酸类化合物外，银杏叶中还含有 3-甲氧基-4-羟基苯甲酸（3-methoxy-4-hydroxyl benzoic acid）、4-羟基苯甲酸（4-hydroxybenzoic acid）、3,4-二羟基苯甲酸（3,4-dihydroxybenzoic acid）、抗坏血酸（ascorbic acid）、硬脂酸（stearic acid）、亚油酸（linoleic acid）、棕榈酸（palmitic acid）、莽草酸（shikimic acid）、犬尿喹啉酸（kynurenic acid）和 6-羟基犬尿喹啉酸（6-hydroxykynurenic acid，6-HKA，图 3-7）10 种有机酸。Schennen 等首次从银杏叶中分离出 6-HKA，因其能直接作用于 N-甲基-D-天冬氨酸（NM-DA），增强脑细胞耐缺氧能力，改善脑缺氧症状，作为广谱中枢神经氨基酸拮抗剂而颇受关注。

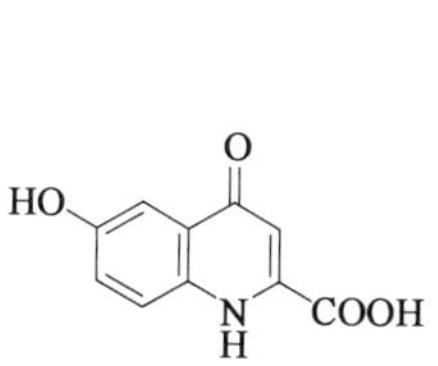

图 3-7 6-羟基犬尿喹啉酸

3.1.4　银杏类脂成分

　　银杏叶中类脂成分主要有烃类、聚戊烯醇类、萜烯醇类、甾醇类等化合物，它们极性相似，较难分离。银杏叶类脂成分主要是以油状物形态存在，在低温下通常有白色结晶物析出，根据报道主要是甾醇类成分。陶冉等利用分子蒸馏技术，将银杏叶类脂成分分离后得到的轻馏分，通过裂解-气质联用（Py-GC-MS）分析，以及各种色谱分离、重结晶等分离纯化方法，得到了 15 个单体化合物，分别为：β-谷甾醇乙酯、棕榈酸乙酯、β-谷甾醇、豆甾醇、麦角甾醇、棕榈酸酰胺、三棕榈酸甘油酯、胡萝卜苷、正十一烷、β-石竹烯、异植物醇、橙花叔醇、芳樟醇、松油醇和 β-胡萝卜素。其中棕榈酸酰胺、三棕榈酸甘油酯、正十一烷、β-石竹烯和松油醇 5 个化合物是首次从银杏叶中分离得到。

3.1.5　聚戊烯醇类成分

　　银杏叶聚戊烯醇（ginkgo bilobal polyprenols）是银杏叶类脂中的重要成分，属于多烯醇类化合物，有着广泛的药理药效作用，是银杏叶生物活性研究中重要的有效成分（图 3-8）。聚戊烯醇与其他类脂成分一样，其含量较高，是重要的先导化合物来源。银杏叶聚戊烯醇 80% 属于桦木聚戊烯醇型，异戊烯基单元数为 10~20，为哺乳动物多萜醇的结构类似物。

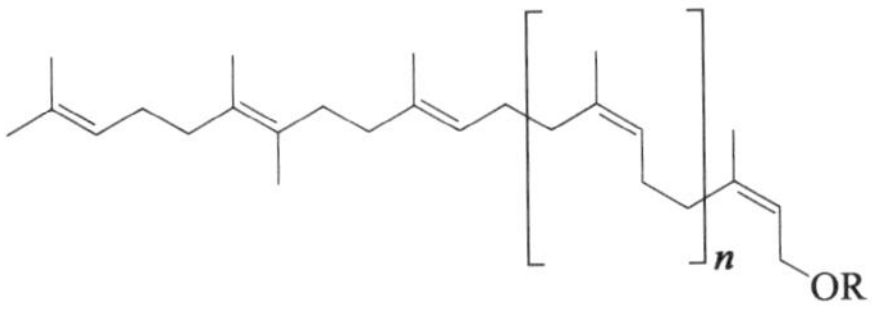

银杏叶聚戊烯醇：R=H, n=10~20
银杏叶聚戊烯乙酯：R=Ac, n=10~20（n=14最多）

图 3-8　银杏叶聚戊烯醇化学结构

3.1.6　氨基酸和蛋白质类成分

　　植物中富含蛋白质，银杏亦不例外。根据蛋白质在不同溶剂中溶解度不同的性质，研究发现银杏果蛋白分为清蛋白、球蛋白、醇溶蛋白、碱溶谷蛋白等。Häger 等从银杏叶中分离出豆球类蛋白，主要由 β-亚基的 N 端前 52 个氨基酸的序列组成。黄文等发现银杏果中清蛋白占 41.99%，球蛋白占 48.68%，醇溶蛋白占 1.21%，碱溶谷蛋白占 3.8%，复合蛋白占 4.16%，以清蛋白和球蛋白为主，而且其氨基酸组成合理，属于优质蛋白。

银杏叶提取物中含有 17 种氨基酸。研究发现，采用高效液相色谱（HPLC）测定银杏叶中氨基酸总量达到 92.26mg/g，其中 8 种必需氨基酸含量占氨基酸总量的 46.9%。银杏叶水解氨基酸中，以谷氨酸含量最高，其次是天冬氨酸，含量最低的是蛋氨酸和胱氨酸。此外，刘力等发现白果中具有人体必需的 7 种氨基酸：赖氨酸、苯丙氨酸、亮氨酸、异亮氨酸、苏氨酸和缬氨酸，还有婴幼儿所需的组氨酸。含量最高的氨基酸是谷氨酸，达 1.37% ~ 1.83%。

3.1.7 多糖类成分

多糖（polysaccharide）是由多个单糖分子缩合、失水而成的一类分子结构复杂的糖类物质，也是构成动植物细胞壁的重要组成成分。研究发现多糖类成分具有多种生物活性，日益受到人们的重视。银杏多糖（polysaccharides from ginkgo bilobal，GBLP）是银杏中活性成分之一，具有抗衰老、抗氧化等作用。1991 年，Josef 从干燥的银杏叶中采用离子交换色谱法分离出四种多糖（GF1，GF2a，GF2b，GF3）。GF1 为中性多糖，主要由阿拉伯糖通过（1→5）糖苷键连接而成；GF2 和 GF3 为酸性多糖。此后，对于银杏多糖的研究仍在不断深入。

何刚等从银杏叶中分离获得 3 个级分的银杏多糖 GBLPⅠ、GBLPⅡ、GBLPⅢ，采用高效凝胶过滤色谱和气相色谱法测定其分子质量分别为 441.861、361.352、637.533。GBLPⅠ由鼠李糖、葡萄糖、半乳糖、阿拉伯糖、甘露糖等组成，GBLPⅡ、GBLPⅢ由鼠李糖、半乳糖、阿拉伯糖、甘露糖等组成，但其摩尔比不同。原菲等从银杏中分离得到 3 种均一多糖，分别由鼠李糖、半乳糖、甘露糖，鼠李糖、阿拉伯糖、半乳糖、甘露糖，阿拉伯糖、葡萄糖、木糖等单糖组成。夏秀华等得到 1 种均一多糖，含有鼠李糖、阿拉伯糖、甘露糖、葡萄糖和半乳糖。尹雯等以水提取银杏叶粗多糖，通过分离纯化得到 4 种均一多糖 PGBL1A、PGBL1B、PGBL2A、PGBL2B，其 PG-BL1A 由鼠李糖、半乳糖醛酸、半乳糖和阿拉伯糖组成；PGBL1B、PGBL2B 由甘露糖、鼠李糖、葡萄糖醛酸、半乳糖醛酸、半乳糖和阿拉伯糖组成；PGBL2A 由甘露糖、鼠李糖、葡萄糖醛酸组成。黄桂宽等从银杏叶水提液中得到两种白色粉状水溶性多糖（LGBP-1，LGBP-2）。经过分析发现 LGBP-1 是以 D-葡萄糖为主的中性杂多糖，LGBP-2 是葡聚糖，其糖基以 α-（1→4）（1→3）（1→6）连接。

目前银杏多糖研究主要集中在银杏叶和银杏外种皮上，对于银杏果多糖的报道相对较少。王琴等对超声波法提取银杏果多糖的条件进行了优化，结果表明，其收率可达 2.043%，纯度高达 88.68%。陈群等经热水提取、乙醇沉淀、Sevag 法去蛋白、乙醇分级分离、SephadexG-200 柱色谱纯化银杏果多糖（GBSP），采用醋酸纤维纸电泳、Sepharose4B 柱色谱及毛细管电泳对其进行分析和组成研究。结果表明，提取纯化的银杏果多糖（GBSP）是由 D-甘露糖组成的单一均匀的多糖，分子量为 1.86×10^5，收率为 0.87%。银杏果多糖 GBSP1-2 为含有 β-吡喃糖苷键的酸性多糖，不含淀粉、蛋白质、还原糖等，其单糖组成为：甘露糖、半乳糖醛酸、葡萄糖和半乳糖。郝功元通过破壁提取技术从银杏花粉分离得到 3 种多糖，且这 3 种多糖均具有抗氧化活性。

3.1.8 挥发性成分

许多植物富含挥发油，银杏亦不例外。张永洪等利用 GC-MS 技术对银杏叶挥发油进行了分析，从中鉴定出 67 种成分，其中主要成分为十六酸（23.48%）、雪松脑（15.19%）、6,10,14-三甲基-2-十五酮（1.089%）、邻苯二甲酸丁醇异丁醇二酯（9.99%）、十四酸（3.91%），α-雪松烯（2.69%）、橙花叔醇（1.95%）和卜桉叶醇（1.29%）等。

3.1.9 维生素和微量元素成分

维生素是维持人和动物正常生理功能的一类微量有机物质，在人体生长、代谢、发育过程中发挥着重要的作用。银杏叶提取物中维生素 E、维生

素 B_2、维生素 C、维生素 PP 及叶酸含量较高，其含量分别为 4.09mg/g、2.90mg/g、81.47mg/g、9.43mg/g、1.69mg/g。银杏提取物中还至少含有 25 种矿物质，其中以锌、铁、铜、镁、钙的含量丰富。原子吸收分光光度计测定干银杏叶中矿物质含量为：铜 4.48μg/g、锌 24.48μg/g、铁 539.3μg/g、镁 6844μg/g。梁宪扬对江苏 4 个银杏样品进行分析，发现江苏邳州的银杏中钙、镁、铁的含量较高，而江苏泰兴的银杏中钙、镁、铁含量相对较低。

3.1.10　其他成分

周桂生等从银杏种皮中分离得到 7 个甘油酯类成分，分别是二十二烷酸-1-甘油酯（monobehenin）、二十一烷酸-1-甘油酯（glyceryl arachidate）、十六烷酸-1-甘油酯（1-hexadecanoyl glyceride）、1,3-二棕榈酸甘油酯（1,3-dipalmitin）、1,3-二亚油酸甘油酯（1,3-dilinolein）、甘油三硬脂酸酯（glycerol tristearate）及甘油三棕榈酸酯（glycerol tripalmitate）。

3.2　银杏活性成分提取分离

3.2.1　有机溶剂萃取

有机溶剂萃取是最为传统的天然产物有效成分提取方法之一，也是目前国内外使用最广泛的提取方法（图 3-9、图 3-10）。德国 Schwabe 公司是最先利用溶剂萃取技术生产标准银杏叶提取物（EGb761）的企业，其中银杏黄酮 >24%，内酯 >6%，银杏酸 $< 5 \times 10^{-6}$。

乙醇具有绿色无毒、可再生等诸多优点，近年来多用于银杏酮酯的提取工艺研究中。赵汉辰对不同季节采摘的银杏叶中银杏内酯 B 进行了分离研究，结果发现 10 月下旬采摘的银杏叶中银杏内酯 B 的含量最高，并比较了四种溶剂的提取效果，发现乙醇作为溶剂最佳。选用乙醇粗提银杏叶中银杏内酯 B，设计正交实验，确定最佳工艺。研究表明，当料液比（加醇量）为

1:24g/mL，提取次数 3 次，提取时间 2.5h，乙醇浓度 70% 时，效果最佳，粗提率达到 0.8912%。影响银杏内酯 B 粗提率的主要因素的显著性顺序为：料液比 > 提取次数 > 乙醇浓度 > 提取时间。哥伦比亚大学 Dirk 等利用银杏内酯的结构特征，首先采用煮沸的双氧水（H_2O_2）降解不需要的组分，然后采用乙酸乙酯提取、碱洗和活性炭吸附提取银杏内酯，并采用反向色谱柱去除银杏酸，最终获得了满足药用需要的银杏内酯产品。

图 3-9　有机溶剂萃取银杏活性成分（一）

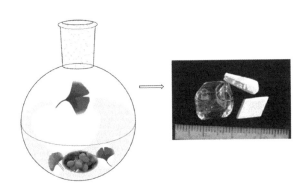

图 3-10　有机溶剂萃取银杏活性成分（二）

　　梁红等以 70% 乙醇作为萃取溶剂（工业化生产可用工业酒精），结合 3%（NH_4）$_2SO_4$ 进行二步提取，可使乙醇中的黄酮沉淀析出，提取效果更佳。银杏叶的乙醇提取液经饱和（NH_4）$_2SO_4$ 溶液两次浓缩后，蛋白质可去除 40.51%（干叶）和 52.42%（鲜叶），如果再经过 2～3 次浓缩，大部分黄酮将被提取，且纯度明显提高（图 3-11）。

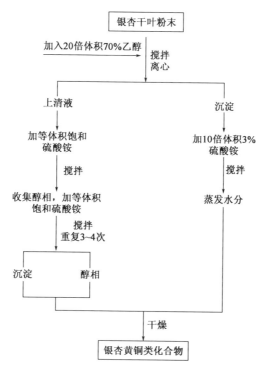

图 3-11　银杏叶提取黄酮工艺图

王杰等取新鲜银杏叶外种皮，用 70%（体积分数）乙醇回流提取，浓缩提取液的浸膏，再加乙醚抽提，乙醚液分别用质量分数 5% 的碳酸钠和 5% 氢氧化钠萃取处理后可以得到银杏酸和白果酚。

银杏酚酸因其结构带有酚羟基和羧基特定官能团，使得这类酸性化合物易于从其他化合物中分离出来。Gellerman 等采用甲醇与氯仿混合萃取从银杏叶中提取出脂溶性物质，通过皂化反应利用银杏酸具有酸性这一特点从而将酸性物质从脂溶性物质中分离出来，其中脂肪酸可通过皂化反应转变为脂肪酸酯，最后通过硅胶色谱可以使二者分开。K. S. Nagabhushana 等就是利用银杏酸和银杏酚酸的差异，通过控制洗脱液中醋酸和三乙胺的比例从而分离得到银杏酸。Itokawa 等首先采用甲醇浸提银杏叶外种皮，把脂溶性物质浸出，然后再用氯仿萃取，将萃取液分别经硅胶柱和氧化铝柱纯化后，再用氯仿-甲醇（9:1，体积比）和甲醇-乙酸（99:1，体积比）两种洗脱液洗脱，最终可获得 3 种银杏酸和银杏酚酸类物质。Junko Irie 等以银杏叶为原料,用正己烷为溶剂浸提银杏叶 3 次,收集提取液浓缩后分别用 3 种不同溶液依次洗脱,收集甲醇洗脱液经色谱柱分离可得到 4 种银杏酚酸类物质。倪澜荪等采用工业酒精先对银杏外种皮进行粗提,然后再使用甲醇/水超声溶解粗提物,接着采用氯仿萃取,将水溶性和醇溶性杂质除去,回收氯仿层,富集银杏酚酸类成分。

王文军研究了七种不同单一溶剂(甲醇、丙酮、乙酸乙酯、无水乙醇、乙腈、正己烷、石油醚)提取银杏酸的效果,结果发现甲醇提取银杏酸回收率最高,可高达 95.89%,但是甲醇在提取银杏酸的同时还大量提取银杏叶中的银杏黄酮和银杏内酯;其他几种溶剂丙酮、乙酸乙酯、无水乙醇、乙腈在提取银杏酸的同时也会相应提取部分银杏黄酮和银杏内酯;而正己烷和石油醚却只提取银杏叶中的银杏酸,几乎对银杏叶中银杏黄酮和银杏内酯没有损耗。正己烷和石油醚提取率相对较低,可能是因为它们是非极性溶剂,渗透溶解银杏叶中银杏酸的能力相对较弱。考虑正己烷和石油醚提取银杏酸的效果类似,从溶剂成本来看,石油醚较正己烷低廉,故选择石油醚为提取银杏酸的最佳单一溶剂。

张鉴等在分离银杏黄酮过程中,考察了丙酮、四氢呋喃、甲醇、乙酸乙酯等不同溶剂对银杏样品的萃取对比试验,并通过高效液相色谱法进行分析对比,结果发现不同溶剂提取银杏黄酮类成分的量差异较大。其中丙酮、四氢呋喃和甲醇溶液提取时银杏黄酮量较大,而乙酸乙酯提取量较少。尤其值得关注的是乙酸乙酯萃取液干燥时必须将溶液完全回收,否则影响白果内酯的分离。

3.2.2 水提取工艺

有机溶剂作为常用的提取溶剂,具有非常广泛的用途。但是其存在易挥发、溶剂易残留和污染环境等问题,特别是在工业化生产中容易造成二次污染。针对有机溶剂的残留、污染问题,张春晓等探索了以水为浸提液提取银杏酮酯,采用水-聚乙二醇两相溶液萃取分离银杏黄酮的绿色方法,并对提取温度、溶液 pH 值等工艺条件进行优化。郎庆勇等建立了加压水提银杏酮酯的新方法,结果表明,该方法与传统溶剂提取相比,提取效率更高、选择性更强。另有研究报道了水-丙酮双相提取法，生产工艺是以水-丙酮为起始溶剂粗提取，再经脱脂、除去银杏酚酸、活性成分富集、纯化等数十道复杂工序，制成提取物（图3-12）。

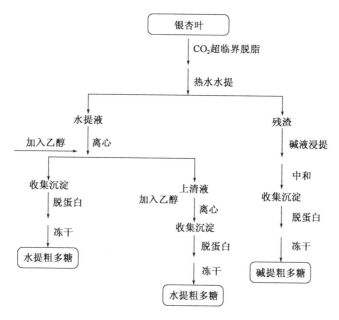

图 3-12　银杏粗多糖提取工艺图

亚临界水在沸点以上可保持液体状态，且其介电常数减小、极性变小，用亚临界水来提取极性较小的银杏内酯，是一种绿色萃取技术。此方法可以节约时间，减少有机试剂的污染。李文东等采用亚临界水提取银杏叶中的银杏内酯，通过单因素实验探讨了提取温度、提取时间、提取次数和料液比对银杏叶中银杏内酯提取率的影响。运用正交实验优化提取工艺条件如下：提取温度180℃，提取时间30min，提取3次，料液比1g:25mL。在此条件下，银杏内酯提取率为0.4623%。传统的乙醇加热回流法提取银杏内酯，时间长、溶剂用量大、成本高、有机溶剂残留；亚临界水提取银杏内酯具有绿色环保、无有机溶剂残留、提取率高等特点。

3.2.3　超临界流体萃取

超临界流体萃取技术主要是利用超临界流体具有的扩散系数大、黏度小、渗透性强、传质速率快等特点，进行天然产物中有效成分的高效提取

（图 3-13）。各种物质的超临界温度、压力不同，目前超临界二氧化碳（CO_2）是最适宜应用于天然产物提取的流体。在提取银杏叶有效成分时，由于 CO_2 的极性较低，使得其对银杏酮酯的提取效果不佳。因此，选择合适的夹带剂提高提取率，是实现超临界流体萃取技术在银杏酮酯提取方面应用的关键。韩国首尔大学 Young 等在 CO_2 超临界流体中加入 H_2O 进行改性。结果表明，增加 4% H_2O 可使得银杏酮酯的收率增加 80%~150%，且银杏叶中有害成分银杏酸的含量大大降低。邱寇龙等对超临界 CO_2、二氧化氮（NO_2）和 1，1，1，2-四氟乙烷（R134a）萃取银杏酮酯的可行性进行研究。结果表明，在超临界溶剂中加入乙醇后，萜内酯的收率随着乙醇浓度的增加迅速增加，超临界 CO_2 加入乙醇后得到的萜内酯收率最大。浙江大学苗士峰等以乙醇作为夹带剂采用超临界 CO_2 制备银杏黄酮，优化获得的最佳工艺条件为压力 20MPa、温度 40℃、CO_2 流量 10g/min、乙醇流量 6mL/min，黄酮的收率为 3.6mg/g。目前，超临界流体萃取银杏酮酯的收率仍相对较低，寻找绿色、高效的夹带剂仍是今后一段时期内的研究重点。

图 3-13　超临界流体萃取装置

3.2.4　微波辅助提取

微波能利用物质介电常数的差异，对天然产物中不同组分进行选择性作用，使植物组织中的不同组分以不同速度从基体分离。将微波提取技术应用于银杏酮酯的提取，不仅可以提高提取率，还可以缩短提取时间、减少溶剂使用量。梁晓峰对银杏黄酮的微波辅助提取及乙醇溶剂萃取工艺条件进行优化对比。结果表明，微波辅助提取可将黄酮的收率从 5.0mg/g 提高至

8.2mg/g。朱兴一等对微波辅助提取银杏内酯的工艺进行研究，结果表明，微波辅助提取比传统溶剂热回流提取的收率高31%，溶剂用量减少33%。目前该技术仍处于实验室及中试研究阶段，实现其在天然产物提取方面的工业化应用，仍需开展进一步研究。

3.2.5　超声波辅助提取

超声辅助提取天然产物中的活性成分，是最近十几年发展起来的一种有效技术。当超声波在连续介质中传播时，波阵面上会引起天然产物介质质点的运动，部分质点获得巨大的动能和加速度后，将迅速逸出植物基体而游离于萃取溶剂中。高晗等采用响应曲面法对超声波辅助提取银杏黄酮工艺条件进行优化，结果表明，在超声时间21.7min、温度39.3℃、时间2.0h的最优工艺条件下，银杏总黄酮的收率为40.8mg/kg。钟平等对超声波和微波两种不同提取银杏总黄酮的方法进行比较，发现超声波提取银杏总黄酮的收率比微波提取高8.8%。杜若源采用超声波辅助乙醇浸提法提取银杏叶总黄酮，结果发现，提取银杏叶中总黄酮的最佳工艺条件为：乙醇浓度60%、固液比1:50（$m:V$），提取时间30min。通过差异性分析可知，乙醇浓度对总黄酮的提取率影响最大（$P < 0.01$），其次为固液比（$P < 0.05$），提取时间对其提取率影响最小（$P > 0.05$）。在最佳工艺条件下，银杏叶醇提物中的总黄酮提取量为8.075mg/g，提取率为80.75%。郭香琴等以银杏落叶为原料，采用超声波辅助水提醇沉的方法提取银杏落叶中的多糖，通过单因素试验和响应曲面法对银杏落叶中多糖提取的工艺进行探索。结果表明：最佳提取工艺条件为5.0g银杏落叶粗粉，超声波功率600W，液料比40mL:1g，提取温度84℃，提取时间50min，多糖提取率6.61%。

迄今为止，超声波在天然产物有效成分提取方面已经得到了广泛的应用。解决超声波萃取装置的放大及精确控制等问题以实现工业大规模应用，仍是今后的研究重点。

3.2.6　酶辅助提取

由于银杏叶的有效成分主要包裹在以纤维素为主的细胞壁内，而传统溶剂浸提法无法使包围活性成分的细胞壁破裂，使萃取过程存在较大的传质阻力。酶解过程能使细胞壁降解而疏松、破裂，减小传质阻力，提高提取效率。吴梅林等以纤维素酶酶解法与乙醇提取相结合的工艺，用酶解预处理，然后以乙醇提取，银杏总黄酮的提取率提高了18.92%。喻春皓等采用响应曲面法对银杏内酯的纤维素酶辅助提取工艺进行研究，结果发现，该方法可将银杏内酯的收率提高66.67%。庞允等将乙醇提取法和酶解法提取银杏叶黄酮进行比较，结果表明，乙醇提取法收率为12.9mg/g，酶解法为17.8mg/g。陈硕等研究发现，斜卧青霉在降解银杏叶细胞壁的同时，还能将较多的黄酮类化合物转化为极性苷元，促进银杏黄酮的溶解，在最优工艺条件下银杏黄酮的收率比非酶解情况下高约一倍。综上可见，酶强化提取明显优于传统提取方法，且操作简单、效果显著，但有效成分收率提高的同时杂质含量也随之增加，如何进行后续分离纯化，还有待进一步研究。

3.2.7　联合提取新技术

溶剂提取法由于提取效率低、杂质含量高等缺点，难以满足高纯度银杏酮酯产品的生产需要。酶强化提取技术虽能有效提高银杏酮酯的提取效率，但提取过程对工艺参数的要求较高，且杂质含量高，后处理难度较大，短期内难以实现工业化应用。银杏酮酯类化合物多具有极性，限制了超临界 CO_2 萃取技术的应用，虽然增加夹带剂可以提高收率，但用于工业化生产仍然面临着投资成本高、设备能耗大等诸多问题。相对而言，超声波、微波辅助提取法对银杏酮酯类化合物的选择性好、提取效率高、能耗低、投资费用少，较适合银杏酮酯的工业化生产。

将各类提取方法的优势进行互补，采用联合提取技术提高银杏酮酯的收率及提取效率是近年来新的研究方向。Riera 等针对超临界流体萃取的提取效率低等缺点，对超声波-超临界 CO_2 联合从银杏叶中提取银杏酮酯的方法进行探索，并取得较好的效果。李莹等建立了微波-超声波联合提取银杏黄酮的新方法，在最佳工艺条件下银杏黄酮收率为58.1mg/g，远高于超声波或微波单独使用时的提取率。倪林等建立了微波-高压联合提取银杏黄酮的新方法，在最优工艺条件下，可将微波辅助提取的收率提高91%。吴昊等建立了超声波协同酶解强化提取银杏黄酮的新方法，结果表明，该方法可以大大提高银杏黄酮的收率、缩短提取时间。上述方法在银杏酮酯的提取方面有较好的应用前景，但目前仅停留在实验室研究阶段，离工业化生产还有较远的距离。

3.3 分离纯化技术

3.3.1 溶剂萃取分离

溶剂萃取分离银杏叶提取物工艺是较早在工业中得到应用的精制方法，其过程一般包括提取液浓缩、水析、去杂，溶剂萃取、浓缩、干燥等过程。余陈欢等以60%乙醇为溶剂采用多级逆流萃取的方法对银杏酮酯进行提纯工艺研究。优化出的最佳工艺条件为：液料比16mL/g、萃取时间30min、温度80℃。在此条件下银杏黄酮和银杏内酯的收率分别为17.4mg/g、24.2mg/g。郎庆勇等利用银杏内酯结构的可逆电离及酯化特性，采用碱性磷酸氢二钠（Na_2HPO_4）溶液使内酯电离，然后用酸性二氯甲烷（CH_2Cl_2）溶液萃取获得银杏黄酮，该方法具有操作简单高效、溶剂消耗量少等优点。后续应进一步寻找绿色高效的萃取剂，拓展超临界反溶剂萃取、双水相萃取、反胶束萃取等新兴高效萃取技术在银杏叶有效成分分离方面的应用。

3.3.2 树脂吸附分离

吸附树脂属于高分子聚合物，由于其在天然产物分离方面具有选择性高、再生简单以及性能稳定等优点，近些年在工业中得到了迅速发展（图3-14）。张静等以聚酰胺树脂为介质进行银杏黄酮的柱色谱分离纯化研究，结果表明，聚酰胺树脂吸附效果显著，在工业化制备银杏黄酮方面具有较好的应用前景。李月对市场上常见的4种大孔吸附树脂分离纯化银杏叶总黄酮的性能进行比较，结果表明，HPD100型大孔吸附树脂效果最佳。周芸等自制交联聚对乙烯基苄基脲树脂（PMVBU），并将其应用于银杏叶黄酮的纯化。结果表明，该树脂对银杏黄酮的吸附率高、易洗脱，且重复使用性好。剑桥大学李晶等将扩张床吸附运用于银杏黄酮的提取工艺，并与液－液萃取、填充床吸附等工艺进行比较。结果表明，该方法可大大简化纯化操作步骤，降低时间和费用消耗，具有较好的工业应用前景。赵汉辰等选择大孔树脂对银杏内酯粗提物进行初步纯化，考察了不同类型树脂对银杏内酯B的纯化效果。选择四类大孔树脂（分别为酸性、碱性、阴离子、阳离子）进行树脂的吸附与解吸效果研究。结果表明，AB-8弱极性树脂纯化效果最好。最佳动态吸附条件为：吸附流速2BV/h，洗脱流速2BV/h，浓度60%甲醇洗脱，洗脱体积5BV。最佳工艺条件下银杏内酯B的纯度为77.54%。采用层析法精制银杏内酯B，考察了不同流动相对精制结果的影响。最终以甲醇：水＝2∶8作为流动相时，分离效果较理想。经过HPLC分析发现，经树脂纯化后的银杏内酯B纯度为72.70%，经制备型高效液相色谱精制得到的银杏内酯B纯度为96.72%，产品最终收率为0.7297%。

图3-14 树脂吸附分离柱

对于黄酮含量偏低的银杏叶（$F = 0.5\% \sim 0.7\%$），王成章等采用浸提和纯化方法，选用A-1、A-2树脂进行吸附研究，可以使黄酮含量偏低的银杏叶子资源得到加工利用，生产银杏黄酮苷，收率1.6%～1.9%，黄酮纯度达到26%～31%，从而降低了生产成本。

倪学文等用大孔树脂分离纯化银杏酸，用体积分数为80%的乙醇作为银杏叶外种皮的浸提溶剂，控制料液比1g∶7mL、温度60℃，回流提取3次，每次4h，经抽滤后可以获得银杏酚酸粗提液。然后用预处理好的4种不同型号的大孔树脂进行对比实验，筛选出以最佳大孔树脂D4020上柱，用体积分数为90%的乙醇洗脱，可获得较高含量的银杏酸。采用树脂吸附法精制银杏叶提取物能得到高纯度的产品，且溶剂残留量少。研究高活性、高寿命、易再生的吸附树脂，降低银杏产品的生产成本仍然是今后一段时期的研究重点。

3.3.3 色谱分离纯化

色谱分离技术是利用不同物质在固定相和流动相中具有不同分配系数这一原理进行物质分离的。这一技术因具有选择性好、分离效率高等优点而广泛应用于天然产物的提纯分离工艺中。邱峰等将三氯甲烷、甲醇和水的混合液作溶剂，采用高速逆流色谱与核磁共振检测相结合（HSCCC-qHNMR），建立在线分离纯化银杏内酯的新方法。结果表明，在溶剂中增加适量的二甲基亚砜（DMSO）可显著提高银杏内酯的收率，该方法高效、精确，获得的银杏内酯纯度高于95%。刘晶等将正己烷、乙酸乙酯、甲醇与水的混合液作溶剂，建立了高速逆流色谱与蒸汽发光散射检测相结合（HSCCC-ELSD）在线分离纯化银杏内酯的新方法。结果表明，该技术使用简便，分离得到的银杏内酯A、B、C及白果内酯纯度高于98%。

Chen等以乙醇与水的混合物为溶剂，分别采用C_{18}分离柱和强阴离子交换膜法，批量从银杏叶粗提取物中分离提取银杏黄酮。结果表明，C_{18}柱分离获得的银杏黄酮最大收率为60%，强阴离子交换膜分离获得的银杏黄酮最大收率为50%。李冰等采用硅胶柱色谱结合半制备高效液相色谱法对银杏叶中乙醇提取物的二氯甲烷部位进行了分离，制备得到4种银杏双黄酮。综上所述，色谱分离技术在分离纯化银杏酮酯产品方面具有效率高等显著特点，具有较好的应用前景。

3.3.4 膜分离技术

膜分离技术是目前工业上新兴的分离纯化技术，其主要是利用膜的孔径特征，以物理手段将不同大小的分子进行分离。其具有被分离成分稳定、分离率高、耗能低、无二次污染等优点，因而在食品、生物、医药以及化工领域应用较多。于涛等采用截留分子量1000的膜对银杏黄酮进行分离，最终分离得到的产品中黄酮质量分数为 33.99%，黄酮类物质的透过率为 89.45%，总提取物收率为 3.1%，与树脂提取法相比，银杏总黄酮提取率较高。该工艺中膜通量在 2h 后稳定在 35% 左右，而压力范围则在 0.2 ~ 0.3MPa，提取温度以 30℃ 为佳。

银杏药用的历史经历数千年，如今依然引人关注。关于它的化学成分的研究仍然在深入，随着分离技术的不断发展，相信越来越多的未知成分将展现在我们眼前。银杏的故事在延续，银杏的成分在拓展，银杏的功效在延伸。

参 考 文 献

［1］ 杨扬，周斌，赵文杰. 银杏叶史话：中药/植物药研究开发的典范［J］. 中草药，2016，47（15）：2579-2591.

［2］ 郭瑞霞，李鹗，李力更，等. 天然药物化学史话：银杏内酯［J］. 中草药，2013，44（6）：641-645.

［3］ 耿婷，申文雯，王佳佳，等. 银杏叶中内酯类成分的研究进展［J］. 中国中药杂志，2018，43（7）：1384-1391.

［4］ Deguchi J，Hasegawa Y，Takagi A，et al. Four new ginkgolic acids from Ginkgobiloba［J］. Tetrahedron Letters，2014，55（28）：3788-3791.

［5］ Kristian S，Koji N. Chemistry and Biology of Terpene Trilactones from Ginkgo Biloba［J］. Angewandte Chemie International Edition，2004，35（24）：1640-1658.

［6］ Koji Nakanishi. Terpene trilactones from Gingko biloba：From ancient times to the 21st century［J］. Bioorganic & Medicinal Chemistry，2005，13：4987-5000.

［7］ Ji S，He D D，Wang T Y，et al. Separation and characterization of chemical constituents in Ginkgo biloba extract by off-line hydrophilic interaction ×reversed-phase two-dimensional liquid chromatography coupled with quadrupole-time of flight mass spectrometry［J］. Journal of Pharmaceutical and Biomedical Analysis，2017，146：68-78.

［8］ Braquet P. BN 52021 and related compounds：A new series of highly specific PAF-acether receptor antagonists［J］. Prostaglandins，1985，30（4）：687.

［9］ 郑卫平，楼凤昌. 银杏内酯的研究概况［J］. 药学进展，1999，（2）：82-87.

［10］ 章晨峰，李明慧，唐云，等. 银杏内酯 B 的提取、分离与纯化研究［J］. 中国中药杂志，2010，35（15）：1961-1964.

［11］ 赵金龙，刘培，段金廒，等. 银杏根皮化学成分研究（Ⅰ）［J］. 中草药，2013，44（10）：1245-1247.

［12］ 楼凤昌，王国艳，等. 银杏外种皮化学成分研究［J］. 中国药科大学学报，1998，（4）：316-318.

［13］ 成亮. 银杏外种皮的化学成分和银杏叶的开发应用研究［D］. 南京：中国药科大学，2004.

［14］居国保.银杏外种皮的化学成分和用途［J］.中国野生植物资源，1995，（1）：17-18.

［15］王杰，余碧钰，刘向龙.银杏外种皮的化学成分研究［J］.扬州大学学报：农业与生命科学版，1992，13（4）：76-77.

［16］周日秀，刘肇清，刘铬勋，等.庐山银杏叶中双黄酮的分离和鉴定［J］.南昌大学学报：医学版，1983，（2）：1-4.

［17］潘竞先，张虎翼，杨宪斌，等.银杏外种皮的双黄酮成分［J］.植物资源与环境学报，1995，（2）：17-21.

［18］张红梅.天然药物银杏的化学成分和药理作用［J］.首都师范大学学报（自然科学版），2014，35（3）：41-46.

［19］Zhang X T，Li Y，Zhang L H，et al. A new ginkgolide from Ginkgo biloba［J］. Journal of China Pharmaceutical University，2009，40（4）：306-309.

［20］游松，姚新生，陈英杰.银杏的化学及药理研究进展［J］.沈阳药科大学学报，1988，5（2）：142-148.

［21］原菲.银杏多糖的提取分离、结构鉴定及活性测定［D］.广州：暨南大学，2010.

［22］张永洪，王敬勉，廖德胜，等.银杏叶挥发性成分的化学研究［J］.天然产物研究与开发，1999，11（2）：62-68.

［23］杨政敏，张艳军，王升匀，等.银杏果壳多糖多酚提取及清除自由基活性研究［J］.广西师范大学学报（自然科学版），2018，36（2）：105-110.

［24］Yang J F，Zhou D Y，Liang Z Y. A new polysaccharide from leaf of Ginkgo biloba L［J］. Fitoterapia，2009，80（1）：43-47.

［25］裴纪莹，庞停停，周庆新，等.银杏花粉抗氧化成分的提取工艺优化［J］.核农学报，2015，30（7）：1365-1372.

［26］盖晓红，刘素香，任涛，等.银杏化学成分、制剂种类和不良反应的研究进展［J］.药物评价研究，2017，40（6）：742-751.

［27］池静端，马辰，刘爱茹.银杏叶的化学成分研究［J］.中国中药杂志，1997，22（2）：106-107.

［28］周桂生，姚鑫，唐于平，等.银杏中种皮化学成分的分离及鉴定［J］.植物资源与环境学报，2013，22（4）：108-110.

［29］赵一懿，陈有根，郭洪祝，等.注射用银杏叶提取物中黄酮苷类化学成分研究［J］.中草药，2013，44（15）：2027-2034.

［30］仰榴青，吴向阳，吴静波，等.银杏外种皮的化学成分和药理活性研究进展［J］.中国中药杂志，2004，29（2）：111-115.

［31］王成章，沈兆邦，陈祥.银杏叶聚戊烯醇化学研究［J］.林产化学与工业，1992，12（4）：279-286.

［32］陶冉，王成章，孔振武.银杏叶类脂的化学成分研究［J］.林产化学与工业，2014，34（4）：71-76.

［33］梁宪扬.银杏叶无机元素分析［J］.时珍国医国药，2000，11（11）：962.

［34］夏前贤，李金贵.银杏外种皮多糖研究进展［J］.中兽医医药杂志，2018，37（1）：29-32.

[35] 鹿洪亮. 银杏叶挥发油化学成分分析 [J]. 江西农业学报, 2009, 21 (9): 137-140.

[36] 刘力, 杨渝多. 银杏种子氨基酸成分和微量元素的测定 [J]. 经济林研究, 1994, 12 (2): 33-35.

[37] 邵婷婷. 银杏酮酯的提取分离技术研究进展 [J]. 中国现代中药, 2016, 18 (3): 396-400.

[38] 林建原, 季丽红. 响应面优化银杏叶中黄酮的提取工艺 [J]. 中国食品学报, 2013, 13 (2): 83-90.

[39] 宋根萍, 许爱华, 陈华圣, 等. 银杏外种皮多糖的成分分析 [J]. 中药材, 1997 (9): 461-463.

[40] 叶秀莲, 汪世新, 庄美华, 等. 银杏外种皮有效成分的提取和分离 [J]. 扬州大学学报 (农业与生命科学版), 1987, 8 (2): 39-42.

[41] 赵金龙, 刘培, 段金廒, 等. 银杏根皮化学成分研究 (I) [J]. 中草药, 2013, 44 (10): 1245-1247.

[42] 杨慧萍, 高睿. 银杏药用成分及药理作用研究进展 [J]. 动物医学进展, 2017, 38 (8): 96-99.

[43] 黄桂宽, 李毅, 谢荣仿, 等. 银杏叶多糖的分离纯化及鉴定 [J]. 中国生化药物杂志, 1996, 17 (4): 157-159.

[44] 黄桂宽, 曹麒燕. 银杏叶多糖的化学研究 [J]. 中草药, 1997, (8): 459-461.

[45] 尹雯, 夏玮, 徐志珍, 等. 银杏叶多糖的系统分离纯化与单糖组成研究 [J]. 食品科技, 2018, 43 (5): 186-190.

[46] 夏晓晖, 张宇, 郗砚彬, 等. 银杏叶化学成分研究进展 [J]. 中国实验方剂学杂志, 2009, 15 (9): 100-104.

[47] 王成章, 郁青, 谭卫红. 银杏叶黄酮醇甙的树脂法纯化 [J]. 中国医药工业杂志, 1998, 29 (1): 5-6.

[48] 王成章, 郁青. 银杏叶黄酮甙浸提工艺的研究 [J]. 天然产物研究与开发, 1998, (2): 66-70.

[49] 姜国芳, 谢宗波, 乐长高. 银杏叶黄酮类化合物的研究进展 [J]. 时珍国医国药, 2004, 15 (5): 306-308.

[50] 梁红, 潘伟明. 银杏叶黄酮提取方法比较 [J]. 植物资源与环境学报, 1999, 8 (3): 12-17.

[51] 肖顺昌, 伍岳宗. 银杏叶黄酮制备工艺研究 [J]. 中国医药工业杂志, 1990, 21 (8): 340-341.

[52] 付强强, 高振坤, 刘林, 等. 银杏酚酸的提取分离方法、检测方法、药理作用及制剂研究进展 [J]. 中国药房, 2017, 28 (4): 547-550.

[53] 李泽宏, 冯如, 袁红慧, 等. 银杏叶片中萜内酯的提取工艺 [J]. 北方园艺, 2017, 41 (23): 176-180.

[54] 田季雨, 刘澎涛, 李斌. 银杏叶提取物化学成分及药理活性研究进展 [J]. 国外医学中医中药分册, 2004, 26 (3): 142-145.

[55] 李冰, 胡高升, 胡玲玲, 等. 银杏叶中双黄酮成分的提取与测定 [J]. 中草药, 2014, 45 (17): 2552-2555.

[56] 池静端. 银杏叶中黄酮甙类成分的化学研究 [J]. 中国中药杂志, 1998, 23 (4): 233-234, 256.

[57] 游松, 姚新生, 崔承彬, 等. 银杏叶中银杏内酯的分离与结构测定 [J]. 中国药物化学杂志, 1995, 5 (4): 258-265.

［58］王文军. 银杏叶中银杏酸的高效提取方法研究［D］. 长沙：湖南师范大学，2017.

［59］李文东，郑振佳，高乾善，等. 银杏内酯的亚临界水提取工艺研究［J］. 化学与生物工程，2017，34（5）：33-36.

［60］ Kraus J. Water-soluble polysaccharides from Ginkgo biloba leaves［J］. Phytochemistry，1991，30（9）：2017.

［61］Gold P E，Cahill L，Wenk G L. Ginkgo biloba：A Cognitive Enhancer？［J］. Psychological Science in the Public Interest，2002，3（1）：2-11.

第4章
银杏的应用

4.1 银杏在中医中药中的应用

银杏是我国珍贵的经济植物资源，具有极高的药用价值，是现存种子植物中最古老的孑遗植物，被称作"植物界中的活化石""长寿树""植物界熊猫"。银杏浑身都是宝，国内外大量研究表明，银杏果、银杏叶、银杏外种皮和银杏根等均含有大量活性物质，且具有独特的药用价值。从《神农本草经》开始就有关于银杏的记载，但是银杏（白果）、银杏叶医药价值的体现始于宋代（公元960—1279），后来逐渐发展，元代《日用本草》、明代《本草品汇精要》《本草纲目》及清代《本草逢原》等多种本草药籍均有记述。

银杏味甘、苦，性涩、平，归心，肺经，是一种药食同源的植物。明代李时珍闻名世界的巨著《本草纲目》中就有记载："银杏，气薄，味厚，性涩而收，定咳嗽，缩小便，能杀虫消毒"。2015 版《中华人民共和国药典》记载银杏叶功效为："活血化瘀，通络止痛，敛肺平喘，化浊降脂。用于瘀血阻络，胸痹心痛，中风偏瘫，肺虚咳喘，高脂血症。"

银杏的种仁俗称白果，可入药，其活性成分为白果酸、黄酮类、萜类等。银杏的花粉和外种皮也是重要的医药、卫生和保健品的原料。银杏所含化学成分具有多种药理活性，包括抗菌抗炎、杀虫、调节血脂、镇咳平喘、抗衰老、抗氧化、抗凋亡、抗肿瘤、改善循环和脑血流、神经保护、心脏保护、抑制血小板活性、提高免疫力等。

目前对于银杏在医学方面的研究主要集中在银杏叶和银杏果，对银杏外种皮和花及花粉也有少量研究。

4.1.1 银杏果

银杏果确切地说应该是银杏的种子，是除去外种皮的种核，白色，所以又名白果。自古以来，白果就作为一种珍贵的滋补品和食品被人们食用。白果中含有丰富的营养成分和特殊的化学物质，主要包括淀粉、蛋白质、黄酮类、萜类、生物碱、多糖类、酚类、氨基酸、微量元素等，此外还含有白果酸、氢化白果酸、银杏内酯等成分。

临床上白果用于补虚扶衰，止咳平喘，涩精固元等。白果性涩而收，能敛肺定喘，且兼有一定化痰之功，喘咳日久痰多者常用。治寒喘由风寒之邪引发者，配麻黄辛散，敛肺而不留邪，宣肺而不耗气，如鸭掌散（《摄生众妙方》）；如肺肾两虚之虚喘，配五味子、胡桃肉等以补肾纳气，敛肺平喘；若外感风寒而内有蕴热而喘者，则配麻黄、黄芩等同用，如定喘汤（《摄生众妙方》）。若治肺热燥咳，喘咳无痰者，宜配天冬、麦冬、款冬花以润肺止咳。

《滇南本草》中记载："大疮不出头者，白果肉同糯米蒸合蜜丸；与核桃捣烂为膏服之，治噎食反胃，白浊、冷淋；捣烂敷太阳穴，止头风眼疼"。《现代实用中药》中提到："核仁治喘息、头晕、耳鸣，慢性淋浊及妇人带下。白果收涩而固下焦，可用于带下、白浊、尿频、遗尿。治妇女带下，属脾肾亏虚，色清质稀者最宜，常配山药、莲子等健脾益肾之品而用；若属湿热带下，色黄腥臭者，也可配黄檗、车前子等，以化湿清热止带，如易黄汤（《傅青主女科》）。治小便白浊，可单用或与萆薢、益智仁等同用。治遗精、尿频、遗尿，常配熟地、山萸肉、覆盆子等，以补肾固涩。果肉捣碎作贴布剂，有发泡作用；菜油浸一年以上，用于肺结核。"

现代医学研究表明，银杏果作用于呼吸系统，具有松弛气管平滑肌、止咳定喘、清肺祛痰的功效；作用于循环系统，具有扩张微血管、预防心脑血管疾病的功效。中医常用银杏果治疗支气管哮喘、慢性气管炎、肺结核、白带增多、淋浊、遗精等疾病。

银杏果具有一定的毒性，《三元延寿书》记载："昔有饥者，同以白果代饭食饱，次日皆死也。"为了预防银杏果中毒，熟食、少食是根本方法。医药界认为，生白果应控制在 10 粒/天左右，过量食用会引起腹痛、发烧、呕吐、抽搐等症状。

有研究者用小鼠进行试验，发现白果汁具有提高机体耐缺氧性能的作用，并且能够显著增加小鼠的抗疲劳能力，尤其是抗运动疲劳的能力。同时发现银杏种仁能够明显抑制脂质过氧化反应，增强超氧化物歧化酶（SOD）活力，对延缓动物机体衰老具有一定的效果。此外白果中还含有数种抗菌成分，对多种革兰氏阳性和革兰氏阴性细菌均有抑制作用，对葡萄球菌、链球菌、白喉杆菌、伤寒杆菌等均有不同程度的抑制作用，对结核杆菌的抑制作用不受加热影响，对常见的致病性皮肤真菌亦有不同程度的抑制作用。其中，抑菌作用较强的成分为白果酸、白果酚。从果仁中提取出的白果酚甲具有降血压的功效。银杏果还可用于化妆品，具有明显的消炎、止痒、减退色斑、防止开裂等功效。

4.1.2　银杏叶

银杏叶性味甘苦涩平，具有益心、敛肺、平喘、化湿止泻、活血化瘀、止痛之功效，在心脑血管疾病的防治方面具有很大优势，历史上最早记载银杏叶药用的医书是明代刘文泰的《本草品汇精要》，其中记载："黄叶为末，和面作饼，煨熟食之止泻痢。"《中药志》中记载银杏叶可"敛肺气、平喘咳，止带浊"。《食疗本草》中记载，银杏叶可用于心悸怔忡、肺虚咳喘等症。

国内外的研究学者对银杏叶提取物及其活性成分的药理活性做了大量的调查研究，初步证实了其在防治心脑血管疾病方面的有效性。银杏叶提取物及其活性成分对心脑共同靶标可能包括动脉粥样硬化发展过程，提示它们可针对不同靶标或同一靶标来防治心脑血管疾病，这将为银杏叶提取物对心脑血管疾病"异病同治"作用机制的研究提供新的研究方向。20 世纪 80 年代以来，世界上许多国家对银杏叶药物的药理化学成分及临床效果进行了广泛的研究。银杏叶提取物（EGB）在亚洲和欧洲国家中年销售额在 5 亿美元以上。

银杏叶的化学成分十分复杂，其中最重要的活性成分是黄酮类化合物和银杏内酯；此外，还有有机酸类、酚类、聚戊烯醇类等。银杏提取物为浓缩颗粒状，具有很强的清除自由基和抗氧化作用，银杏叶中的黄酮苷、氨基酸（可合成胶原蛋白）成分对人体美容、抑制黑色素生长、保持皮肤光泽与弹性起着显著的作用。

银杏叶提取物的药理功效与拮抗 PAF（血小板活化因子）、改善兴奋性氨基酸的释放、消除氧自由基等机制息息相关，活性成分银杏内酯、总黄酮醇苷具有调节微循环、扩张血管等功能。

（1） 银杏叶提取物药效

① 消除自由基、抗氧化　缺氧老化、动脉的粥样硬化和神经系统退行性疾病甚至肿瘤的出现都与氧自由基的毒性有着密不可分的关系。黄酮类化合物是一种天然抗氧化剂，可消除脂质过氧化自由基、一氧化氮、超氧阴离子、羟自由基等，进而阻止脂质过氧化反应与氧自由基反应，并控制丙二醛等毒性物质的出现。另外，银杏叶还参与调整自由基反应酶活性，减轻氧自由基以及脂质过氧化的损害。

② 拮抗 PAF，缓解血液流变性　PAF 主要作用于细胞膜上的 PAF 受体而引起的生物效应，银杏酮酯属于 PAF 受体的特异性拮抗剂，药效非常强烈，能改善血液的动力学参数，抑制血小板聚集，改善血液的流动状态，延迟血液的凝固过程，促进血液循环，防止血栓形成。

③ 保护心脑血管　实验研究结果显示，银杏酮酯在降低心肌梗死时心电图中 ST 段异常飙高以及病理性 Q 波方面效果较为显著，同时还能够有效地控制心肌组织中磷酸肌酸激酶的释放量，可明显改善心肌缺血对人体的损害。

在银杏叶提取物中，有效成分银杏黄酮在扩张冠状血管方面作用显著。当银杏黄酮的剂量为 200mg/L 时，可以放松血管的前列环素，同时能够有效地释放血管内皮舒张因子；当银杏黄酮的浓度超过 300mg/L 时，能抑制内皮依赖性舒张，帮助血管收缩。此外，银杏叶提取物还可提升体内 DA（大鼠多巴胺）的含量，对边缘系统、纹状体 DA 代谢有着抑制功能，减少海马核 5-羟吲哚乙酸含量。

④ 降低血脂，防治动脉粥样硬化　数据研究表明，在临床上应用银杏叶提取物治疗高甘油三酯血症，可明显减少患者体内的低密度脂蛋白胆固醇、血清甘油三酯（TG）含量。向小白鼠体内注入银杏叶总黄酮 40 天之后，检查其血清中 TG 含量有所降低。

（2） 银杏叶提取物临床应用

① 心脑血管疾病　银杏叶提取物能够帮助血液流通，进而抑制脑循环障碍，促使脑细胞代谢，提升患者脑部功能。银杏叶提取物具有较强的 PAF 拮抗性能，能抑制 PAF 介导的血小板聚集，并能有效预防肺心病患者的肺

动脉血栓形成。

② 肝脏保护功能　银杏叶提取物可延迟肝纤维化的出现，有着保护肝脏的功能。肝纤维化促使肝内的多种炎性介质和细胞因子作用于肝星状细胞，从而导致细胞外基质的分泌。PAF 是一种内源性磷脂介质，对身体脏器损伤极大，脂质过氧化物（LPO）能够直接刺激胶原基因的转录，继而引发肝纤维化。银杏叶制剂可有效清除氧自由基、LPO，银杏内酯可抵抗 PAF。

③ 保护肾脏　银杏叶提取物可扩充血管，降低血液黏稠度，阻止血小板集聚，增强红细胞变形能力，缓解血脂代谢以及血液流变性，减少对肾小管的间质伤害以及肾小球硬化，减慢肾衰竭的进程，有效提升血浆纤维蛋白原水平及血液黏稠度。

④ 辅助治疗癌症　银杏叶提取物具有辅助化疗和抗肿瘤作用。聚戊烯醇对治疗肝癌有效，参与细胞膜糖蛋白的代谢，形成抗肿瘤的生物活性，与抗癌药物化疗以及联合钴 60 放疗协同功效显著。

⑤ 抗辐射功效　辐射会对机体产生较强的损伤，从而形成自由基，所以，预防机体细胞出现自由基，对防辐射有着巨大价值。银杏叶提取物可增加淋巴细胞、白细胞数量，缓解辐射对肝脏合成功能的损害。与此同时，银杏叶提取物作为外源性自由基清除剂、抗氧化剂，可帮助降低自由基的沉积，降低辐射对机体的伤害，对于预防辐射有着明显的作用。

⑥ 对其他病症的治疗效果　实验研究和临床研究显示，银杏叶提取物对于糖尿病、糖尿病肾病、糖尿病周围神经病变、慢性肾小球肾炎、支气管哮喘、肺心病、精神病、急性胰腺炎、慢性乙型肝炎肝纤维化、突发性耳聋、脑梗死、老年性痴呆症、帕金森病、高血压、冠心病、高甘油三酯血症、慢性充血性心力衰竭等病症的治疗也有一定的功效。

实验研究表明银杏叶提取物对糖尿病模型大鼠肾功能具有保护作用，预防糖尿病肾病的发生发展，其作用机制可能与抑制肾组织中 *TLR*4 的表达，减少炎症因子 IL-6、TNF-α 水平的释放有关。银杏叶提取物可显著提升环磷酰胺所致免疫功能低下小鼠的免疫能力，对特异性和非特异性免疫功能均具有较好的调节作用。

随着对银杏叶药理作用的认识进一步加深，其临床应用范围亦逐步扩大。目前，银杏叶提取物应用范围已拓宽至精神疾病的治疗上，如抑郁症、焦虑、精神分裂症等。

银杏叶提取物在临床使用中也有一定的副作用，如食用过量会中毒，引发肌肉抽搐、瞳孔放大等。孕妇与儿童更要谨慎使用。

银杏叶不能与茶叶和菊花一同泡茶。银杏叶提取物（EGB）不仅包括银杏黄酮、银杏内酯等主要有效成分，还有银杏酸等有毒性的成分。银杏酸是国内外公认的潜在过敏原，是自然界中最强烈的接触性过敏原的成分之一，可引起严重的过敏反应，还会引起基因突变、神经损伤等，可导致过敏性休克、过敏性紫癜、剥脱性皮炎、消化道黏膜过敏、痉挛和神经麻痹等不良反应。

4.1.3 银杏外种皮

银杏的种皮分为肉质的外种皮、骨质的中种皮、膜质的内种皮。

银杏外种皮俗称白果"衣子"，肉质较肥厚，约占种子总质量的75%，其中含有银杏酸、黄酮、萜内酯和多糖。银杏外种皮味甘、性温，有益气补虚的作用，具有一定的药用价值，能够起到抑菌和杀菌、抗炎、提高免疫力、清除自由基、镇咳祛痰、抗衰老和诱导癌细胞凋亡等作用。

银杏外种皮由于具有特殊的臭味常在生产中被丢弃，因而对其利用甚少。银杏外种皮多糖（ginkgo biloba exocarp polysaccharides，GBEP）是银杏外种皮中含量较高的成分之一，也是目前研究较多的有效成分之一。国内外对 GBEP 的生物学活性研究主要集中在抗衰老、抗氧化、抗癌和调节免疫等方面。

研究表明，服用 GBEP 组小鼠的行为、记忆和脑组织内超氧化物歧化酶（SOD）、谷胱甘肽过氧化物酶（GSH-Px）活性都增强，说明 GBEP 具有抗衰老作用；在抗肿瘤方面，实验研究表明，GBEP 能抑制人胃癌 SGC-7901 细胞突变型 $p53$ 基因的表达及其端粒酶活性，对小鼠肝癌和 HL-60 细胞增殖具有明显的抑制作用，并可通过下调 bcl-2 的表达而诱导 HL-60 细胞凋亡。Xu 等研究发现，口服 GBEP 制作的胶囊能减少胃癌患者的肿瘤面积，并可显著改善消化道癌患者的临床症状，让患者的生存期明显延长，并能拮抗放射治疗引起的抑制性血细胞功能和体重减轻。GBEP 还可调节环磷酰胺抑制的小鼠细胞免疫及体液免疫功能。

4.1.4 银杏花和花粉

银杏花粉富含黄酮类化合物，且主要是黄酮苷。对银杏花粉的总黄酮进行提取和分步萃取，采用1，1-二苯基-2-苦肼基（DPPH）自由基清除率检测和组分分析锁定待纯化萃取相。实验结果显示，银杏花粉粗提物可清除DPPH自由基活性，对DPPH的半抑制率（IC_{50}值）为1.32mg/mL，乙酸乙酯相和正丁醇相的IC_{50}值分别为0.46mg/mL、0.84mg/mL，分别是粗提物的34.85%和63.64%。可见，乙酸乙酯相清除DPPH的活性最高。

进一步研究显示，乙酸乙酯相富集了6种主要银杏花粉黄酮，而且均具有清除DPPH活性。经纯化和结构鉴定分别为山柰酚-3，4'-双-O-β-D-葡萄糖苷、山柰酚-3-O-β-D-葡萄糖基-7-O-α-L-鼠李糖苷、山柰酚-3-O-β-D-葡萄糖苷、山柰酚-3-O-α-L-鼠李糖苷、柚皮素和山柰酚。也有实验研究表明，银杏雄球花中含有黄酮类物质，其乙醇提取液具有一定的抗氧化能力。以银杏雄球花为材料，乙醇为溶媒进行醇提，测定提取液黄酮含量为1.4%，并能有效清除二苯代苦味酰基自由基、羟自由基、超氧阴离子自由基，且提取液的总抗氧化活性及对以上三种自由基的清除能力均随其浓度的增加而增强，可以看出银杏雄球花具有较好的开发和利用潜力。

4.2 银杏活性成分及其制剂在临床中的应用

银杏除含丰富的营养成分，如淀粉、蛋白质、脂类、氨基酸、微量元素等，还含有许多具有特殊生物活性的功能因子。据文献报道，目前已知银杏提取物的化学成分有200多种，其中药用成分有170多种，主要有5类，包括黄酮类、萜内酯类、有机酚酸类、聚戊烯醇类和多糖类，此外还有糖类、生物碱类、甾体类等等。研究证实其主要有效成分为银杏黄酮类和银杏萜内酯类化合物。

银杏的叶片和果实分别被《中华人民共和国药典》收载，主要含有银杏黄酮、萜类内酯、酚酸类、异戊烯醇、甾体类等多种化学成分。以银杏提取物或有效成分开发的制剂有片剂、胶囊、颗粒剂、口服液、注射剂、滴丸、糖浆剂、酊剂等类型，临床上多用于心脑血管疾病的治疗。在临床应用中需要特别注意过敏、腹泻、出血、肝肾毒性等不良反应，以保证药物的安全性。

4.2.1 银杏活性成分作用机理

（1） 银杏黄酮

黄酮是银杏的主要活性成分，主要存在于银杏叶及种仁中，尤其在银杏叶中的含量很高，市售的银杏叶制剂中黄酮含量可达24%。银杏黄酮主要包括单黄酮、双黄酮和儿茶素。银杏黄酮是极好的天然抗氧剂，能够清除自由基，具有扩张冠状血管、改善血管末梢和脑血管循环、降低胆固醇、解除平滑肌痉挛、松弛支气管等作用，可用来防治老年性心血管疾病，治疗冠状动脉硬化性心脏病，加强交感神经系统的生理调节。

银杏黄酮可能在大脑、眼球视网膜和心血管系统中可发挥抗氧化特性。其在大脑和中枢神经系统中的抗氧化作用有助于防止因年龄增长导致的大脑功能衰退。银杏黄酮抗自由基实验结果表明，反应时间10min清除率趋于稳定，银杏黄酮抗自由基活性可高达68.9%。因此银杏黄酮具有较强的抗自由基活性，可以作为食品、药品或者美容产品的添加剂。

银杏黄酮可以抑制高糖诱导的人肾小球系膜细胞（HMC）氧化损伤，提高细胞存活率，增加细胞培养上清液中SOD活力，降低MDA（丙二醛）含量。H2DCFDA荧光探针染色结果显示，银杏黄酮处理后HMC细胞内ROS（活性氧）生成量下降，氧化损伤细胞减少；此外，银杏黄酮可以抑制高糖诱导的抗氧化物酶活性的下降及 *caspses-*3 表达的增加，抑制效应与剂量正相关。因此银杏黄酮可能对糖尿病肾病起保护作用。

（2） 银杏内酯

银杏内酯为银杏特有成分，在化学结构上属于萜类化合物，因此又称银杏萜内酯，包括二萜内酯类和倍半萜内酯，其中银杏内酯A、B、C、M、J、K、L为二萜内酯类，白果内酯为倍半萜内酯。银杏萜内酯在银杏种仁、银杏叶及银杏根、茎中均含有，也是银杏制剂质量控制的重要指标。

银杏萜内酯化合物是一类罕见的天然化合物，迄今尚未在其他植物中发现。银杏萜内酯是银杏叶提取物及其制剂中的主要活性成分之一，是公认的血小板激活因子拮抗剂，被广泛用于治疗心脑血管疾病。

作为银杏中的主要功能因子，银杏内酯具有很强的生物活性，能抗神经末梢的衰老，具有阻止血小板聚集、防止血栓形成，防止动脉粥样硬化，抗炎、抗过敏等作用，对心肌缺血、脑缺血缺氧具有保护作用。此外，银杏内酯也对免疫系统起到调节的作用。

银杏内酯作为银杏叶的重要活性成分，其凭借独特的生理活性、复杂的结构、较低的毒性，正引起越来越多医药工作者的关注。目前，部分银杏内酯制剂，如银杏二萜内酯葡胺注射液、银杏内酯注射液等已在临床上得到有效应用，主要用于预防和治疗动脉粥样硬化以及缺血性中风、脑梗死等，疗效显著。但同时也应关注临床使用过程中药物不良反应的发生，避免与抗凝药物等联合应用，以防因合用药而导致药物相互作用，进而产生毒副作用。银杏内酯的主要药理作用包括以下几个方面。

① 抗血小板活化因子（PAF）　银杏内酯具有抑制血小板活化因子受体、抑制血小板聚集、抗血栓形成的作用。有研究利用胚胎大鼠心肌细胞建立心肌梗死模型，在低氧环境下诱导细胞凋亡，据此模型考察银杏内酯对心肌细胞的保护作用。结果显示银杏内酯可显著降低细胞死亡率，在500ng/mL银杏内酯处理的缺氧细胞和组织中，出现血小板活化因子受体mRNA表达上调和PAFR（血小板活化因子受体）蛋白表达上调情况。

② 改善脑缺血　大量的实验研究与临床试验证明，银杏内酯对缺血性脑血管疾病具较好的治疗和预防作用。在多种脑缺血模型中均具有强效的脑保护作用。

实验研究表明，实验组大鼠细胞外谷氨酸、天冬氨酸、甘氨酸浓度增加，脑梗死体积减小，推测GB（银杏内酯B）可能通过调节兴奋性氨基酸和抑制性氨基酸的平衡水平抑制兴奋性中毒。

临床上，部分银杏内酯制剂对缺血性脑血管疾病疗效显著。在研究银杏达莫注射液治疗急性脑梗死的疗效时发现，治疗组患者在常规治疗联合银杏达莫注射液治疗的情况下总有效率为94.6%，优于对照组的83.8%。银杏达莫注射液治疗急性脑梗死未出现较严重的并发症和不良反应，临床效果更明显。

③ 保护中枢神经系统作用　实验研究表明，银杏内酯对促进脑神经元发育具有显著作用。利用不同浓度的 GB 处理人神经上皮瘤细胞（SH-SY5Y）后可抑制线粒体去极化，改善线粒体的超微结构变化指示性，增强细胞生存能力。

④ 抗氧化、抗凋亡作用　银杏内酯具有抗氧化、抗凋亡等生物学活性。有研究发现 GB 能显著抑制刀豆蛋白 A（ConA）诱导的 T 细胞表面抗原CD69 和 CD25 的表达，抑制 T 细胞增殖，并对 Dex（地塞米松）诱导的淋巴细胞凋亡有一定的保护作用。

⑤ 其他　银杏内酯能抑制应激引起的糖皮质激素的增加，具有保护胃肠道及胃肠黏膜、抑制低密度脂蛋白等作用。

银杏内酯可明显拮抗哮喘患者由抗原引起的早期支气管收缩，并抑制支气管气道高反应性，而无副作用。银杏内酯吸入剂能对抗哮喘豚鼠气道嗜酸性粒细胞浸润，可作为支气管哮喘的一种新的治疗方法。

银杏内酯在治疗原发性偏头痛、阿尔茨海默病等方面效果显著，同时还具有降低血清中谷丙转氨酶、谷草转氨酶含量，缓解饮酒导致的肝损伤等作用。

银杏内酯是银杏叶中关键的药用活性成分，是当前天然药物化学研发的热点之一。近年来，银杏内酯的药理作用研究得到了快速发展，部分研究已经上升到了蛋白质水平、分子水平、基因水平，不少新型银杏内酯制剂也已进入临床试验阶段。

（3）　银杏多糖

银杏多糖（polysaccharides from ginkgo bilobal，GBLP）是银杏中一种重要的活性成分，是从银杏叶、果和外种皮中提取的活性物质，被证实在调节免疫、抑制肿瘤增殖、抗过敏、降血脂、放化疗辅助等方面发挥作用。

有研究发现银杏叶多糖通过激活促凋亡蛋白 Bax，引起线粒体内 Cyt C的释放，启动 caspase 级联反应，诱导细胞凋亡。另有研究发现银杏外种皮多糖通过下调突变型 $p53$ 基因的表达，引起线粒体中 Cyt C 的释放和胞质中ATP 的释放，激活 $caspase\text{-}9$，裂解下游效应蛋白酶 $caspase\text{-}3$，诱导细胞凋亡。银杏多糖可抑制 4T1 细胞的增殖和诱导细胞凋亡，并通过调节葡萄糖转运蛋白家族基因表达，干预癌细胞的能量代谢。

银杏外种皮（ginkgo biloba exocarp polysaccharides，GBEP）是银杏果实外面包裹的果皮，研究表明其含有黄酮类、内酯类、银杏酚酸、多糖和氨基酸等化学成分。在抗氧化和抗衰老研究方面，有学者采用小鼠腹腔注射 D-半乳糖建立衰老模型，以 GBEP 为灌服药物。6 周以后与模型对照组小鼠比较，服用 GBEP 组小鼠的行为、记忆和脑组内超氧化物歧化酶（SOD）、谷胱甘肽过氧化物酶（GSH-Px）活性都增强，说明 GBEP 具有抗衰老作用。另有研究发现，在添加 GBEP 后，用药组小鼠比衰老模型组小鼠海马中 SOD 活性提高（$P < 0.05$），同时用药组小鼠大脑皮质 CHE（胆碱酯酶）活性比衰老模型组显著降低（$P < 0.05$），表明 GBEP 具有延缓衰老的作用。另有研究发现，在浓度为 5mg/mL 时，GBEP 组的羟自由基清除效果为 90.52%，而阳性对照抗坏血酸的羟自由基清除效果为 77.37%，说明 GBEP 具有抗衰老作用。

通过观察银杏叶多糖（PGBL）对高脂饮食诱导的大鼠糖尿病视网膜病变的保护作用发现，PGBL 组中空腹血糖水平比模型组显著下降，损伤后存活的神经节细胞数目较模型组明显增多；MMP-9（基质金属蛋白酶-9）及 iNOS（诱导型一氧化氮合酶）在 PGBL 组表达较模型组明显增强，因此 PGBL 可能通过升高 MMP-9 及 iNOS 的表达水平，从而减轻视网膜神经节细胞的损伤。还有研究表明 PGBL 能明显抑制炎症小鼠 TNF-α 的表达；0.050g/mL 和 0.500g/mL 的 PGBL 能显著抑制 LPS（脂多糖）诱导的 RAW264.7 细胞 TNF-α 的表达。

（4）银杏多酚

多酚作为一类具有生物活性的天然化合物越来越受到人们的重视。植物多酚具有很强的抗肿瘤、抗氧化、抗菌、清除体内自由基和预防心脑血管疾病等生理作用，在很多方面超出了 V_C 的功能，是一类值得开发的天然抗氧化剂。目前研究较多的有苹果多酚、茶多酚、葡萄多酚、柑橘多酚等。

银杏含有大量的多酚类物质和 V_C。其中多酚类物质主要包括单宁（原花青素）、黄酮类及各种酚酸等，是很有应用价值的抗氧化剂。银杏多酚对细菌、霉菌和酿酒酵母都有很强的抑制效果，其抗菌谱较宽。银杏多酚对大肠杆菌、沙门氏菌和黑曲霉的 MIC（最低抑菌浓度）为 6.25%，对金黄色葡萄球菌和枯草芽孢杆菌的 MIC 为 12.5%，对根霉和酿酒酵母的 MIC 为 25%。银杏多酚对 DPPH·、·OH 和 O^{2-}· 都有较强清除能力，随着银杏多酚浓度的增加，其清除能力逐渐增强，明显高于对照组 V_c，而且银杏多酚具有较好的抗脂质过氧化能力，随着银杏多酚浓度的增加，抗脂质过氧化能力逐渐增强，明显高于对照组 V_c。

（5） 银杏酚酸

银杏酚酸类是银杏中具有重要生理活性的成分之一，它是一类水杨酸的衍生物，为6-烷基水杨酸或6-烯基水杨酸，主要存在于银杏外种皮、银杏叶及银杏种仁中，尤其以外种皮中含量最高。

从银杏外种皮中分离出的银杏酚酸类成分主要有白果酸、白果酚、白果二酚、氢化白果酸、氢化白果亚酸、漆树酸和原儿茶酸等。从银杏叶中分离出的酚酸类成分主要有咖啡酸、原儿茶酸、香草酸、p-香豆酸、p-羟基苯酸、阿魏酸、绿原酸。在银杏种仁中也含有较高的酚酸性成分。

研究表明，银杏酚酸具有强烈的杀虫、抑菌杀菌作用以及抗肿瘤、抗炎和抗氧化等多种药理活性，可用于植物农药的开发和新药的研究。

另一方面，此类物质具有细胞毒性，可致过敏、致突变，引发阵发性痉挛，神经麻痹。其主要毒性成分 4′-甲氧基吡哆酸为维生素 B_6 拮抗剂，抑制大脑中的谷氨酸转化为 γ-氨基丁酸。

银杏酸是存在于银杏果、银杏外种皮和银杏叶中的酚酸类物质，是银杏叶中具有重要生物活性的成分之一，其中外种皮中的银杏酸含量最高。银杏酸具有致过敏性和突变毒性的特征，甚至可能造成神经元死亡。另一方面，银杏酸对于特定病种的治疗可起到一定的作用，有毒成分本身具有驱虫、杀虫、抗炎、杀菌、抗病毒、抑菌等作用。

（6） 其他

银杏叶中还含有 3-甲氧基-4-羟基苯甲酸、6-羟基犬尿喹啉酸（6-HKA）等 10 种有机酸。由于 6-HKA 能作为广谱中枢神经氨基酸拮抗剂，因而颇受关注。6-HKA 直接作用于 N-甲基-D-天冬氨酸（NM-DA），能改善脑缺氧。

银杏聚戊烯醇（ginkgo bilobal polyprenols，GBP）是继银杏黄酮、银杏

内酯之后在银杏中新发现的一类重要活性物质，是由异戊烯基单元及终端异戊烯醇组成的线性长链化合物。聚戊烯醇类目前仅在银杏叶中发现，在银杏其他部位尚未发现。有研究发现，银杏叶聚戊烯醇各类化合物对造血干细胞具有促进增殖的作用，并在 $33\mu g/mL$ 效果最佳，与对照组相比差异有显著性（$P<0.01$）。

另有学者分离鉴定了银杏根皮中的 13 种化学成分，首次从银杏根皮中分离得到 2 个甾体化合物 β-谷甾醇和胡萝卜苷。王国艳等首次从银杏外种皮中分离得到 β-谷甾醇、豆甾-3,6-二酮、豆甾-4-烯-3,6-二酮。银杏叶中还含有谷甾醇葡萄糖、菜油甾醇、豆甾醇等甾体类化合物。

4.2.2　银杏制剂在临床应用中的八大作用

（1）抗氧化

银杏叶制剂能有效缓解神经退行性病变的发生，有较强抗氧化作用。当中枢神经系统出现缺血性脑卒中时，氧含量下降会促进机体生成多种细胞因子，该类细胞因子能促进兴奋性神经递质的分泌及释放，造成缺血半暗带的扩大，进一步造成大面积脑神经细胞坏死。银杏叶总提取物中含大量拮抗细胞因子，能刺激机体兴奋神经递质的大量释放，降低因缺血缺氧对脑细胞造成的伤害。银杏叶制剂还能调控缺血性脑损伤中海马组织 *Bcl-2* 与 *Bax* 的基因表达，起到保护脑神经作用。

（2）镇静、改善焦虑

研究表明银杏叶总提取物能可逆性地抑制大鼠脑组织中单胺氧化酶 A 与 B 的合成，同时抑制单胺氧化酶 A 与 B，起到镇静、改善焦虑的作用。

（3）改善呼吸系统

研究发现，银杏叶总提取物能有效改善慢性支气管炎临床症状。银杏叶总提取物中含有的某些细胞因子（例如血小板活化因子）能促进血管收缩，同时对血管壁上的 β-肾上腺素能受体造成破坏，降低其他受体与之的亲和力，减弱支气管扩张作用。银杏叶总提取物中银杏内酯能抗血小板因子激活，通过该机制也能缓解支气管炎的临床症状。银杏叶提取物还能降低肺间质纤维化感染次数。

（4） 抗冠心病作用

冠心病（冠状动脉粥样硬化）极易发展为急性心肌梗死，严重者可发生猝死，而且该疾病好发于中老年群体，其生理功能严重退化，因此病情更加严重。动脉粥样硬化是累及全身动脉系统的慢性血管性疾病，是当今世界范围内致残和致死的主要原因。

动脉粥样硬化是以动脉壁脂质蓄积为特征，伴有各种类型的细胞吸附、参与活化的复杂病变过程。动脉粥样硬化斑块形成的机制主要是血管平滑肌细胞沉积的脂质及局部产生的炎性因子刺激使内膜细胞增殖，导致动脉管壁增厚。其中颈动脉内膜中层厚度（intima-media thickness，IMT）增厚是颈动脉粥样硬化的早期特征，氧化应激（oxidative stress，OS）在颈动脉粥样硬化中扮演重要角色。氧化应激是指在外源和内源性损害因素的作用下，人体氧化与抗氧化防御系统间失去平衡，导致氧自由基产生过多和清除减少，活性氧（reactive oxygenspecies，ROS）在体内蓄积而引起组织细胞损伤。

在动脉粥样硬化形成过程中，溶血磷脂酰胆碱等激活细胞内蛋白激酶 C（PKC），PKC 激活后，可以使核因子 κB（NF-κB）游离活化进入细胞核内与其他转录活化因子连接成操纵子复合体，从而激活基因的转录反应，由此而过度生成的白细胞介素、肿瘤坏死因子 A（TNF-α）、E-选择素、细胞间黏附分子-1（ICAM-1）、血管黏附分子-1（VCAM1）、单核细胞趋化蛋白-1（MCP-1）等因子，促使单核细胞和平滑肌细胞迁移、黏附、增生，并形成泡沫细胞。泡沫细胞崩解后释出的脂质形成脂质核心，从而使病变进入不可逆阶段并形成粥样斑块。这一系列变化均继发于内皮损伤，并被过度释放的上述因子所促发。

目前，临床上多采用化学药物治疗，通过调脂、抗栓、β-受体阻滞剂、钙拮抗剂及硝酸酯类等药物对冠状动脉粥样硬化性心脏病不稳定性心绞痛患者进行治疗，虽可取得一定效果，但整体疗效不佳。

银杏叶提取物能够抑制 NF-κB 的激活，减少细胞因子的生成，从而可以减弱单核巨噬细胞和平滑肌细胞的过度反应。银杏叶提取物可以抑制过度的炎症反应并有助于动脉粥样硬化的防治，这种作用可能是通过阻断以 NF-κB 为核心的炎症通路来完成的。内皮细胞参与调节血管紧张度、免疫反应、脂质代谢及内皮下基质合成，使血管系统保持非凝血的表面。内皮细胞作为组织与血液之间的防线，它的损伤是导致许多疾病发生发展的关键。粥样硬化斑块的形成伴随着一定程度的内皮细胞损伤。这些损伤既是冠心病高危因素作用于内皮细胞的结果，也是促进冠心病形成的原因。银杏叶制剂具有较好的内皮细胞保护作用，这也可能是其防治动脉粥样硬化作用的主要机制之一。

例如在阿托伐他汀联合银杏叶片治疗颈动脉粥样硬化的过程中，阿托伐他汀是 HMG-CoA 还原酶的选择性、竞争性抑制剂，通过抑制肝脏内 HMG-CoA 和胆固醇的合成，从而降低血浆中的胆固醇和脂蛋白水平，并通过增加细胞表面的低密度脂蛋白（LDL）受体以增加 LDL 的摄取和代谢。阿托伐他汀可抑制低密度脂蛋白胆固醇的生成和低密度脂蛋白胆固醇颗粒数。还能降低某些纯合子型家族性高胆固醇血症（FH）的低密度脂蛋白胆固醇（LDL-C）水平，而这一类型的人群对其他类型的降脂药物治疗很少有应答。阿托伐他汀能降低纯合子和杂合子家族性高胆固醇血症、非家族性高胆固醇血症以及混合性脂类代谢障碍患者的血清总胆固醇（TC）、LDL-C 和载脂蛋白 B（ApoB），还能降低极低密度脂蛋白胆固醇（VLDL-C）和 TG 的水平，并能不同程度地提高血浆高密度脂蛋白胆固醇（HDL-C）和载脂蛋白 A1（ApoA1）的水平。

银杏叶片主要含有黄酮醇苷、萜类内酯及氨基酸等多种元素，具有扩血管、改善微循环作用。银杏叶片可通过抑制细胞膜脂质过氧化及清除自由基等作用来改善血管内皮功能。阿托伐他汀联合银杏叶片治疗能进一步降低氧化应激、提高机体抗氧化能力。并且，银杏叶片具有抑制血小板活化因子所致血小板聚集、改善血液流变学指标、降低血液黏度及改善循环障碍等药理作用。银杏叶提取物主要通过作用于胆固醇合成代谢途径的 HMG-CoA 还原酶、HMG-CoA、焦磷酸合成酶等和胆汁酸受体，从而抑制胆固醇的合成与吸收。阿托伐他汀联合银杏叶片降低血脂作用更明显，尤其以降低 TC、LDL-C 为主，银杏叶片可以有效增强阿托伐他汀的缩小颈动脉斑块作用，其机制可能与其协同阿托伐他汀进一步改善血脂和氧化应激等有关。

在银杏叶提取物联合酒石酸美托洛尔治疗冠状动脉粥样硬化性心脏病的过程中，酒石酸美托洛尔是心脏选择性 β-受体阻断药，它对 β_1-受体有选择性阻断作用，无部分激动活性，无膜稳定作用。酒石酸美托洛尔具有增强心脏传出迷走神经与中枢神经能力，并能降低心肌收缩力和心率、心脏传导阻滞剂自律性，减弱支气管与血管平滑肌收缩能力，改善心脏缺血缺氧等症状，还能降低血浆肾素活性。常用于治疗心绞痛、心律失常、高血压、甲状腺机能亢进、嗜铬细胞瘤、心肌梗死，适用于治疗轻、中型高血压等。

对于冠状动脉粥样硬化性心脏病，中医认为关键在于气虚血瘀，其病变部位在于心，而心主血脉，心脉瘀阻则不通则痛，因此其治疗应以益气活血化瘀为主。银杏叶味涩、苦、甘，性平，归于肺心经，有平喘、化瘀活血、敛肺等功能。银杏叶黄酮可扩张冠状动脉血管，避免动静脉微循环和血小板聚集过度，且能改善心肌缺血症状。而银杏内酯不仅能抑制血小板合成血栓素，且能抑制血小板活化及聚集，降低血液黏度。

银杏叶提取物可改善、调节血流动力学、改善心脑血管系统微循环、清除氧自由基、恢复正常心功能。此外，银杏叶提取物能选择性作用于冠状动脉，减小血管阻力，降低血液黏稠度，抑制血小板聚集，增加心脏血供，并改善冠状动脉血液流动性，确保心脏氧气及养分供给。

（5） 在眼科治疗中的作用

银杏叶提取物及制剂已广泛应用于临床。目前常用的视神经保护药有谷氨酸受体拮抗剂、神经生长因子、钙离子拮抗剂等，均存在不同程度的副作用，而银杏叶提取物则是天然的神经、血管保护药。

银杏叶提取物对视神经病变、眼部缺血、高眼压及眼周围神经损伤等疾病有明显效果，其主要通过改善受损神经微循环、清除自由基、对抗谷氨酸引起的损伤等减轻轴损伤，恢复轴浆流，保护细胞骨架的完整，从而避免视网膜神经节细胞凋亡。银杏叶制剂在临床多用于青光眼，糖尿病眼底病变等。

银杏叶提取物可调节血管张力，改善视网膜血液循环和灌注，使得阻塞的血管得以通畅，并且能通过参与细胞凋亡的调控，来抑制切断后的视神经的细胞凋亡，对视神经有较好的保护功能。当眼部受到撞击后，造成了局部组织损伤，中医认为本病重点在于"瘀"，应重点活血化"瘀"，改善局部血液微循环，为受损组织的恢复提供良好的环境，从而进一步促进受损组织的恢复。在受伤后期银杏叶提取物通过活血化瘀改善微循环，增加抗氧化能力和抗炎作用，一方面为受损组织的恢复提供了良好环境，促进了神经细胞的分化；另一方面银杏叶提取物也具有促进恢复功能，进一步改善了患者的愈后视力。眼钝挫伤导致视神经损伤是眼外伤严重并发症，及时治疗对视功能的恢复有着重大作用，使用银杏叶胶囊辅助常规治疗，有助于眼钝挫伤后视功能的恢复。

由于银杏叶总提取物能改善外周血流动力学及神经中枢，降低血管痉挛的概率，同时改善血液黏稠情况，抗氧化、降低兴奋性细胞的毒性，在治疗青光眼方面有一定优势。用银杏叶总提取物治疗青光眼，眼动脉舒张末期血流量明显增加，眼内压、心率及血压并未发生明显的变化，这一结论对缺血性眼病的治疗具有一定的研究价值。

（6）降血脂及降血压作用

高脂血症是由于脂肪摄入过多或脂质代谢障碍等因素所引起的血浆中脂质持续升高的一种异常生化表现，血脂升高是冠心病、动脉硬化的主要原因之一。氧化的 LDL-C 是损害血管和造成动脉斑块的主要血脂成分，它同时损害血管内皮细胞和血管平滑肌细胞，发生一系列病理变化形成动脉粥样硬化病变。

实验研究表明 TC（血清总胆固醇）、TG（甘油三酯）与冠心病呈明显的正相关，TG 具有促进 LDL-C 氧化损害血管的作用，也可直接损害血管，是动脉斑块的成分之一。HDL-C 可转运脂质，对血管具有保护作用。

另有实验研究表明，改善血脂代谢紊乱可以明显地降低冠心病的发病率和死亡率。SOD（超氧化物歧化酶）在机体的抗氧化系统中发挥着极其重要的作用，它们在组织中或血浆中的含量可反映该器官氧化应激所处的状态和抗氧化能力。抗氧化酶与维生素、微量元素、谷胱甘肽等非酶类抗氧化剂等共同构成了机体的抗氧化防御系统，在清除自由基、保护生物膜、阻断和防止自由基引发的氧化和过氧化反应中发挥着重要的作用。自由基作用于脂类的产物主要有 MDA（丙二醛）等，自由基损伤蛋白质的产物主要有蛋白羰基和 AOPP（晚期蛋白质氧化产物）等。通过测定 MDA 和 AOPP 的含量可检测体内一段时期内氧化应激水平的变化。目前降脂药物虽对血脂调节性能较强，但副作用也较明显，寻找既安全又有效的降脂药物尤为必要。

银杏叶含有黄酮类、内酯类、长链酚类等化学成分。银杏叶提取物具有调血脂、抗氧化的作用。银杏叶提取物能够降低 TC、TG 含量，提高 HDL-C 含量，有清除多种自由基的作用，是一种很好的自由基清除剂。银杏叶片能明显提高 SOD 的活力，减少血浆中 MDA 和 AOPP 含量，表现出其抗氧化作用。银杏叶片可降低血脂水平、清除体内自由基，并可能减少氧化 LDL-C 的形成，从而减少脂质对血管内皮细胞的损害，抑制动脉粥样硬化。银杏叶片通过增加高脂血症外周组织细胞中的胆固醇向肝脏转运，以减少胆固醇在外周组织细胞中的聚集和对血管内皮细胞的广泛性损害，防止粥样硬化形成。血清胆固醇水平与粥样硬化呈正相关，而血脂异常对脂质过氧化作用增强是粥样硬化成因之一，血脂升高与动脉粥样硬化和心脑血管疾病的发生、发展有着密切关系，对预防和治疗心血管疾病有重要作用。

例如在阿司匹林联合银杏叶片治疗高脂血症的过程中，阿司匹林为抗血小板药物，可预防心脑血管疾病的发生，阿司匹林联合银杏叶片可明显降低 TC、TG、LDL-C 等，银杏叶片和阿司匹林具有较好的调节血浆脂质和脂蛋白代谢的作用。另外，银杏叶片、阿司匹林还能显著改善 HDL-C 和 LDL-C 的比值，降低动脉硬化指数，起到防止脂质在动脉壁和红细胞膜沉积的作用，可以预防和阻止动脉硬化的发生和发展。

对照实验表明，在大鼠体内甘油三酯与低密度脂蛋白含量改善方面，银杏叶制剂治疗组均明显优于对照组，说明银杏叶制剂能有效地改善血脂调节水平，减少动脉粥样硬化的形成。对照观察符合世界卫生组织（WHO）高血压诊断标准的高血压 86 例，对照组采用非洛地平，治疗组加用银杏叶，结果治疗组血压下降明显优于对照组。

（7） 银杏制剂在治疗糖尿病方面的应用

糖尿病是冠心病、中风等心脑血管疾病的等危症，因此控制糖尿病的大面积蔓延对降低心脑血管疾病的发病率及死亡率具有重大意义。银杏叶制剂能有效改善 2 型糖尿病胰岛素抵抗。研究发现降糖药物治疗效果不明显的患者使用银杏叶总提取物能更好控制血糖水平。有研究表明，对照组常用降糖药，治疗组加银杏叶制剂，五个月后血糖控制水平治疗组明显优于对照组，说明银杏叶制剂对于 2 型糖尿病患者血糖的控制具有促进作用。

糖尿病周围神经病变（DPN）是糖尿病最常见的慢性并发症之一，主要临床特征为四肢远端感觉、运动障碍，痉挛疼痛，是糖尿病患者致残的主要原因。血管损伤、代谢紊乱、神经营养因子缺乏、氧化应激等多因素共同作用导致糖尿病的发生。目前尚无特效治疗糖尿病周围神经病变的方法，主要治疗措施为控制血糖、血压，调整血脂，神经营养及镇静止痛等对症处理措施。糖尿病周围神经病变在中医中属于"消渴痹证"，其病机为气阴两伤，脉络瘀阻。糖尿病周围神经病变是因消渴日久，耗伤气阴，阴阳气血亏虚，血行瘀滞，脉络痹阻所致，属本虚标实证。病位在脉络、肌肤、筋肉，以气（阴）血亏虚为本，瘀血阻络为标。可见"气不至则麻""血不荣则木""气血失充则痿"，或机体失于充养、血行艰涩、瘀血阻络、脉络不通、四肢偏废，均导致"麻木""血痹""痛证""痿证"的发生。中药银杏制剂在糖尿病并发症的治疗中已经有了较为广泛的应用，但其对糖尿病本身的糖代谢紊乱的干预效应及其机制尚不明确。

银杏叶提取液可应用于糖尿病视网膜病变神经保护的治疗中。糖尿病视网膜病变（diabetic retinopathy，DR）是 50 岁以上人群的重要致盲性眼病，是糖尿病眼部最严重的并发症。糖尿病视网膜病变患者在高血糖状态时，一方面机体代谢增高，耗氧量增加；另一方面血浆黏度增高，红细胞浓度增加，红细胞变形能力下降，红细胞凝集和血小板凝集功能亢进。这都使全血黏度增高，视网膜血液流速减慢，视网膜血流量减少；毛细血管的基膜增厚，红细胞变形能力下降，氧气弥散受阻。视网膜氧供应取决于视网膜动脉血氧分压和视网膜血流量，视网膜血流量减少、氧气弥散受阻引起视网膜缺血缺氧，视网膜微循环障碍。缺血、缺氧导致的黄斑水肿、视网膜神经变性是引起糖尿病视网膜病变患者视功能下降的原因之一。银杏叶提取液具有抗氧化、改善微循环、营养神经的作用。银杏叶提取液可减轻黄斑水肿，改善视网膜神经细胞的功能。银杏叶提取液的主要成分为银杏黄酮和萜类内酯等。银杏黄酮具有抗氧化作用，可抑制自由基产生，并清除已产生的自由基，对抗细胞膜脂质过氧化等。银杏黄酮还可以保护细胞膜结构和功能，对缺血再灌注、光毒性作用、炎症等损伤因素引起的视网膜结构和功能损害具有保护作用。银杏内酯是血小板活化因子拮抗剂，能够特异性对抗血小板活化因子，抑制血小板聚集、血管内皮损害、微血栓形成及脂质代谢紊乱。银杏叶提取物能明显促进出血吸收、减少渗出，改善微循环，减轻视网膜水肿，改善视网膜功能，提高视力。此外，银杏叶还可降低血脂、血黏度，改善血液流变学状态，改善血糖代谢及高胰岛素血症的作用，增加红细胞携氧能力。银杏叶提取液可减轻糖尿病视网膜病变患者黄斑水肿，改善视网膜神经节细胞的功能。

（8） 对抗庆大霉素的毒理作用

银杏叶总提取物对庆大霉素耳毒性具有一定的保护作用。给豚鼠注射庆大霉素 5mg/kg，观察耳蜗电流、毛细胞及微绒毛改变，发现豚鼠耳蜗与螺旋器血管纹中出现庆大霉素毒性变化。使用银杏叶总提取物的豚鼠未发现庆大霉素毒性变化，说明银杏叶总提取物对庆大霉素的毒性具有一定对抗作用，可显著降低庆大霉素对肾脏造成的毒副作用，控制血尿素、血肌酐升高，同时提高机体血清肌酐清除率，对庆大霉素造成的冠状内皮细胞脱落及坏死有一定保护作用。

虽然银杏叶提取物能够改善血管条件，但不能同服其他治疗心血管的药物。因为黄酮类化合物是一种强效血小板激活因子抑制剂，长期服用可能会降低血小板的凝聚力，并相应增加脑出血的风险。因此，不能盲目长期服用银杏叶提取药物，服药期间应注意定期检测凝血情况。

4.2.3 银杏制剂在临床应用中的五个阶段

近年来，对银杏特别是银杏叶中活性成分的研究较为热门，银杏的活性成分可用于药物、饮料、酒制品、保健品、功能食品、化妆品等领域。已上市的银杏药物制剂类型较全面，包括胶囊、片剂、颗粒剂、口服液、注射液、滴丸剂、薄膜衣丸、粉针剂等多种剂型。以片剂最为常见，片剂包括分散片、崩解片、咀嚼片、泡腾片、缓控释制剂等，具有质量稳定、计量准确、生产成本低、服用携带方便等优点，但制作过程中需添加大量的赋形剂、崩解剂等辅料和包衣膜，且在体内崩解缓慢从而相对起效较慢。银杏制剂中胶囊、颗粒剂也较多，其优点在于吸收快，生物利用率高，携带、贮存方便，工艺和质量稳定性好，安全性高，但机动性较差，配方固定无法随症增减。若制成口服液分散度大、服用方便，但包装体积较大，对携带、贮存要求高。注射液药效迅速，可定向起效，但对安全性的要求也最高。目前的银杏制剂主要为银杏叶制剂，其发展大致经历了以下五个阶段。

（1） 萌芽阶段： 第一代银杏叶制剂

20世纪20～30年代，我国掀起了中草药研究热潮，医药学者开始分析银杏的化学成分，进行药效及毒理学研究。20世纪50年代以来，国内外先后出版了大量本草药学书刊，不断丰富了对银杏的论述。1969年11月，北京市科学技术委员会拨出专项经费，组织北京友谊医院、北京朝阳医院、北京中医医院等医院与北京制药工业研究所合作，将银杏叶晒干、粉碎、压制成片，取名为"6911片"，专门用于冠心病的治疗。银杏叶原生药粉，称为第一代银杏叶制剂。

（2） 破土阶段： 第二代银杏叶制剂

将第一代银杏叶制剂改进为将银杏叶经过水煮或醇沉、取浓缩浸膏，烘干制粒或压片、或装入胶囊，称为第二代银杏叶制剂。

但在后来的临床疗效观察中，因多人服药后出现心跳过速等不良反应，这两代银杏叶制剂都被迫停止了临床试用，但国内外的医药学者均未放弃对银杏叶成分、毒性、药理、不良反应的一系列科学研究。

（3） 成长阶段： 第三代银杏叶制剂

20世纪60年代，德国的Schwabe博士才首次从中国产银杏叶中提取出活性成分（银杏黄酮与萜类内酯），并将其加工成片剂，用以治疗欧洲发病者众多的冠心病与脑动脉硬化症。后来，全球第一个可用于扩张脑动脉、防止脑梗死的植物制剂"梯保宁"（Tebonin）（银杏叶提取物片）在德国和法国先后上市。此后的几十年，银杏叶制剂的发展如日中天，并迅速成长为全球第一植物药，无论国内外，银杏叶制剂均稳居心脑血管领域植物药首位。明示内含有效成分为黄酮苷、萜类内酯，仅定性、而无定量，特别是未控制银杏酸含量的制剂，为第三代银杏叶制剂。

（4） 繁荣阶段： 第四代银杏叶制剂

20世纪70年代，德、法等欧洲国家对银杏叶进行了深入研究，从银杏叶中提取出对心脑血管疾病有治疗作用的活性成分，其中银杏黄酮24%、萜类内酯6%，制成GBE30。从此银杏制剂的发明专利和药品标准一直被德国、法国所掌控。欧美国家从我国采购银杏叶原料，又将制成品销到我国，获利极多。

直到20世纪80年代初，浙江康恩贝制药股份有限公司（原浙江兰溪制药厂）才与中国科学院上海药物研究所科研人员全力攻关，首次从银杏叶中提取出药用成分，并开发出国内第一只运用现代天然药物化学技术手段研制上市的银杏叶制剂"天保宁"。黄酮苷含量24%、萜类内酯6%、银杏酸控制在10mg/kg的制剂为第四代银杏叶制剂。例如江苏扬子江药业集团有限公司的"依康宁"，进口药品德国威玛舒培博士大药厂的"金纳多"和法国博福-益普生制药公司的"达纳康"。

（5） 开花阶段： 第五代银杏叶制剂

20世纪90年代，上海市中药研究所所长谢德隆教授发现了比德国银杏叶发明专利更安全有效的组合，发明了"双重高分子材料吸附，双重固液去除"创新工艺，使提取物明确有效成分提升到50%以上，并获中、美、英、澳四国发明专利，结束了我国银杏提取物和制剂没有国家药品标准和自主知识产权的历史。经过进一步改进生产工艺、精制提纯，其质量指标达到黄酮苷24%以上、游离黄酮20%以上、萜类内酯6%以上，银杏酸控制在5mg/kg以下的制剂，被列为第五代银杏叶制剂。为区别于其他银杏叶制剂，原卫生部将其命名为"银杏酮酯"。

随着银杏叶制剂在国内外的广泛应用，关于银杏叶制剂不良反应的报道逐渐增多。相关研究发现，银杏叶中除含有功效成分银杏黄酮苷与银杏内酯外，还含有一类引起不良反应的烷基酚酸类物质，主要是银杏酸。银杏酸具有潜在的致敏和致突变作用和强烈的细胞毒性，可引起严重的过敏反应、基因突变、神经损伤、导致恶心和胃灼热、过敏性休克、过敏性紫癜、剥脱性皮炎、消化道黏膜过敏、痉挛和神经麻痹等不良反应。

北京汉典制药有限公司的达洛特为第五代银杏叶制剂，将银杏酸的含量限控在5mg/kg以下。与普通银杏叶制剂相比，银杏酸含量最低、安全性更高，具有推广使用的价值。还有研究证实，氟桂利嗪联合银杏酮酯滴丸和小剂量阿司匹林治疗慢性脑供血不足（CCCI）患者能显著增加脑血管的血流速度，改善气血流注，降低血黏度，疗效优于单用氟桂利嗪和小剂量阿司匹林，为CCCI患者提供了一条新的药物治疗途径。

4.2.4　银杏提取物制剂概况

（1）片剂

目前，以"银杏叶片"为药品名，现已有 80 个批准文号（含法国生产的 2 个品种），国内上市的片剂片质量有 0.16g、0.18g、0.19g、0.2g、0.21g、0.22g、0.25g、0.26g、0.32g、0.37g、0.5g 等，包括每片含总黄酮醇苷 9.6mg、萜类内酯 2.4mg 和每片含总黄酮醇苷 19.2mg、萜类内酯 4.8mg 两个规格，多在 2002～2006 年获得批准文号。国外上市的药品有法国 Ipsen-Pharma 公司生产的银杏叶片，主要成分含量 40mg。

以"银杏叶分散片"为药品名，现有 13 个批准文号，国内上市的片剂片质量有 0.14g、0.15g、0.17g、0.2g、0.35g、0.4g、0.5g 等，包括每片含总黄酮醇苷 9.6mg、萜类内酯 2.4mg 和每片含总黄酮醇苷 19.2mg、萜类内酯 4.8mg 两个规格。

银杏片剂还包括上海上药杏灵科技药业股份有限公司的"银杏酮酯片"、江苏神龙药业有限公司生产的"银杏酮酯分散片"和德国 Dr. Willmar Schwabe GmbH & Co. KG 公司生产的"银杏提取物片"。

实验研究表明，银杏黄酮苷治疗冠心病心绞痛的临床疗效明显优于复方丹参片，并且安全性高，更适合临床应用。

（2）胶囊剂

胶囊剂品种包括"银杏叶胶囊""银杏叶软胶囊""银杏酮酯胶囊"和"银杏洋参胶囊"，分别获得 9、7、1、1 个批准文号，其中包括法国生产的 2 个银杏叶胶囊品种，均以总黄酮醇苷和萜类内酯含量作为控制指标。

（3）颗粒剂

已上市的银杏颗粒剂药品名有"银杏叶颗粒"（每袋 2g）、"银杏茶颗粒"（每袋 0.5g）、"复方银杏叶颗粒"（每袋 5g）、"银杏洋参颗粒"（每袋 3g），以总黄酮醇苷和萜类内酯为有效成分。

（4）口服液

以银杏叶提取物为有效成分的口服液体制剂，具有改善心脑血管循环的功能，疗效确切，稳定性好。除单一提取物成分的口服液，还可向其中添加其他成分制成如银杏蜜环口服液和复方银杏通脉口服液的制剂。银杏蜜环口服液为银杏叶提取物加蜜环粉制得的，具有活血化瘀、扩张血管、增加血流量的作用，用于不稳定性心绞痛、冠心病、心绞痛、慢性脑供血不足、风痰瘀血证脑梗死、突发性耳聋、缺血性脑血管病的治疗。

（5） 注射剂

以银杏叶提取物制备的注射剂，临床上用于心脑血管疾病的治疗。常用制剂包括银杏叶提取物注射液（舒血宁注射液、金纳多注射液）和银杏达莫注射液。银杏叶提取物注射液规格均为 5mL∶17.5mg（含银杏黄酮苷4.2mg）；银杏达莫注射液规格有 5mL 和 10mL 两种。此外，还包括"银杏内酯注射液"（有效成分以萜内酯 10mg 计）和"银杏二萜内酯葡胺注射液"（有效成分以银杏二萜内酯 25mg 计）。

（6） 滴丸剂

银杏滴丸剂包括"银杏叶滴丸""银杏酮酯滴丸""银杏叶滴剂"和"银杏叶提取物滴剂"。"银杏叶滴丸"以银杏叶提取物为有效成分，可用于冠心病、胸痹心痛、慢性心肾综合征、高血压病、卒中后抑郁、脑梗死、高脂血症等疾病的治疗。

（7） 糖浆剂

银杏露为银杏的中药复方糖浆剂，具有止咳、祛痰、平喘的作用，临床上用于治疗急慢性支气管炎、支气管哮喘等呼吸系统疾病。其大鼠的急性毒性和长期毒性试验均表明安全可靠，临床上若按规定剂量及疗程服用安全。市售普通型和无糖型两种。

（8） 酊剂

已上市的银杏酊剂是由北京华润高科天然药物有限公司生产的口服中药制剂，规格包括10mL 和30mL，有活血化瘀、通络止痛之效，用于治疗冠心病、心绞痛、脑梗死、中风、半身不遂、缺血性脑血管疾病等。该药具有疗效确切、适应症广、副作用小、安全性好、质量稳定等诸多优点，可在临床中广泛应用。

（9） 原料药、复方制剂、联合用药

银杏提取物以原料药的形式上市的药品常常以其自身的有效成分命名为"银杏酮酯""银杏二萜内酯"和"银杏叶提取物"等。

还有一些含银杏活性成分的复方制剂在临床上也有广泛的应用，目前银杏复方制剂逐渐成为银杏制剂发展的一个重要方向。复方银杏通脉口服液是第一个银杏复方制剂，以银杏叶和制首乌为君药，女贞子、杜仲、川牛膝、钩藤为臣药，丹参为佐药，共奏滋肝补肾、活血通络之功，临床上用于治疗脑梗死、血管性认知障碍、动脉粥样硬化、高血压等疾病。

银杏制剂除了单独应用有很好的疗效，临床上和其他药物联用往往也能达到很好的协同作用。

银杏叶片可联合苯磺酸氨氯地平治疗高血压患者。苯磺酸氨氯地平是新一代钙离子拮抗剂，可直接舒张血管平滑肌，具有抗高血压作用，其血药浓度达峰时间长，起效和缓。银杏叶片能够有效降低血液黏稠度、抑制血小板聚集，改善微循环，清除自由基，调节血脂，从而达到治疗高血压的作用，并可能通过抗氧化起到保护靶器官的作用。银杏叶片联合苯磺酸氨氯地平能更好地维持24h动脉血压的稳定。

银杏叶片可联合厄贝沙坦治疗高血压患者。厄贝沙坦是人体血管紧张素Ⅱ受体抑制剂，可有效抑制醛固酮的释放及血管的收缩，并能舒张患者的小动脉平滑肌达到降低血压的目的。银杏叶具有抗氧化、促进细胞代谢的作用。银杏叶片低毒，适宜长期服用。银杏叶片可通过对血脂的调整从而起到降压的功效。厄贝沙坦片与银杏叶片联合应用治疗老年单纯收缩期高血压可提高疗效，联合用药治疗后血压水平改善显著。

中医理论中高血压属于"眩晕、头痛、肝风"等范畴，因肝风、痰火、阴虚等所致，气血阴阳失调而起病，多调节气血阴阳进行治疗。银杏制剂与化学药物降压药联合应用，既可以改善高血压病患者眩晕症状，又可以降低患者血压水平，达到较好的治疗效果。

又有实验研究表明，用银杏叶片辅以常规治疗方案（糖皮质激素＋氨茶碱）治疗哮喘的总有效率（97.50%）显著高于单纯使用常规治疗方案治疗的有效率（85.00%）。在血清中白介素-6（IL-6）、白介素-8（IL-8）、肿瘤

坏死因子（TNF-α）上相比对照组，显著较低（$P < 0.05$）；在血清中白介素-10（IL-10）上，观察组显著较高（$P < 0.05$）。观察组在1s肺活量（FEV1）、用力肺活量（FVC）、最大呼气流量（PEF）、FEV1/FVC上显著比对照组高（$P < 0.05$）。结论：将银杏叶提取物应用于哮喘治疗，能显著提升治疗效果，改善细胞因子水平及肺功能，有很好的发展前景。

4.2.5 银杏制剂应用注意事项

银杏制剂的剂型不同，其体外溶出性能也有较大的差异，造成使用过程中不同厂家制剂疗效不一致的问题，故在临床应用中需引起重视。

对于银杏制剂在临床使用中所发生的不良反应也应引以为戒。银杏所含化学成分包括银杏黄酮苷、萜类内酯、烷基酚酸、异戊烯醇、甾体及多糖、氨基酸等生物大分子。目前尚未见银杏黄酮致不良反应发生的报道。但是有报道应用银杏内酯注射液，出现阵发性胃绞痛、头晕、恶心呕吐及周身疼痛反应的案例，此不良反应的发生可能与血浆中一氧化氮（NO）含量的降低使得消化道平滑肌收缩有关。

最常见的引起不良反应的成分是银杏酚酸，其具有较强的致敏性、免疫毒性和致突变细胞毒性，可通过抑制大脑中的谷氨酸转变成γ-氨基丁酸使大脑细胞丧失功能，临床上使用微量即可引起不良反应。主要表现在胃肠道反应，用药后患者出现食欲减退、恶心呕吐、腹胀口干等不适；甚至出现咳嗽哮喘、高血压、过敏反应、影响生殖系统功能等。故对其含量控制的研究至关重要，以减少安全隐患，提高用药安全性。

食用过量的银杏果实引起中毒也是银杏外种皮的银杏酸和核仁中所含的银可酚导致的，中毒症状表现为消化道症状、神经系统损伤、呼吸麻痹、药物热、心肌肝肾肺等脏器受损。治疗方法以清除有毒物质、促进毒素排泄、稳定电解质平衡、注射镇静剂以防惊厥为主。

对银杏制剂不良反应的报道多集中在银杏叶注射剂上。下面仅以金纳多注射液、舒血宁注射液和银杏达莫注射液这3种制剂的不良反应报道为例进行简要介绍。

① 金纳多注射液　金纳多注射液的不良反应主要表现在6个方面。

a. 过敏性休克　静脉滴注金纳多注射液，20min后患者出现恶心呕吐、胸闷气短、面色苍白、全身大汗、四肢厥冷、眩晕症状，即银杏叶提取物注射液致过敏性休克。另有一例在输液 1min 后即出现过敏症状，诊断是由金纳多注射液引起的速发性过敏反应。

b. 神经系统症状　连续给予金纳多注射液 3 天后，患者出现头部胀痛、失眠多梦的症状，立即停药后症状消失，提示金纳多可能具有兴奋中枢神经系统的作用，由此引起不良反应。

c. 消化系统症状　注射金纳多，用药次日出现头晕、恶心、呕吐、腹泻的症状，停药后情况好转，未见异常。

d. 呼吸系统症状　患者因发作性眩晕注射金纳多，出现刺激性咳嗽，且夜间加重，停药后咳嗽消失，金纳多注射液引发过敏性咳嗽首见报道。

e. 心血管系统　应用金纳多注射液治疗老年患者突发性耳聋所导致的头晕时出现低血压的症状，停药后血压恢复正常，再次用药时血压仍降低。用金纳多注射液治疗阵发性头晕患者，由于药物局部浓度过高，直接作用于血管壁或抑制血小板活化因子出现了血管红肿的现象。也有报道如颅内出血、蛛网膜下腔出血等严重不良反应的发生。

f. 其他　患者因排尿不畅、近期偶有头晕入院治疗，给予金纳多注射液静滴，头晕症状有明显改善，但发现金纳多注射液对血管有刺激作用，拔针后患者静脉部位皮肤出现炎性症状，瘙痒并灼热，诊断为过敏性静脉炎，口服抗组胺药后症状缓解。另有全身或局部疼痛、过敏性结膜炎、鼻出血、眼球肿痛、畏寒发热等药物热症状。

② 舒血宁注射液　对静脉滴注舒血宁注射液产生不良反应的案例进行总结，发现以女性、中老年患者居多，这一现象的发生可能与个体差异和疾病在不同人群中的发病率有关。不良反应发生时间迅速，最快可在用药后 1min 内出现速发型过敏反应，也有连续用药后几天出现的病例，以 30min 内较多。不良反应的发生涉及全身多个脏器，包括皮肤及其附件、心血管系统、神经系统、消化系统、呼吸系统、肝肾脏器。一般停药后可自行消除。舒血宁用于治疗糖尿病时出现恶心呕吐、皮疹、腹泻等不良反应，其发生率为 7.1%。其与阿莫西林舒巴坦钠、阿昔洛韦、尼莫地平、维生素 C、盐酸异丙嗪等多种药物具有配伍禁忌。

③ 银杏达莫注射液　银杏达莫注射液是由中药银杏叶提取物及双嘧达莫组成的复方制剂，主要成分及含量分别为银杏黄酮苷 24%、银杏苦内酯

3.1%、白果内酯2.9%、双嘧达莫10%，其活性成分是标准的银杏叶提取物达纳康与双嘧达莫。具有扩血管、降血脂、抗动脉粥样硬化、抗凝血、抗血栓、改善心脑肾微循环的作用，用于治疗冠心病、心绞痛、脑梗死、突发性耳聋、糖尿病肾病等心血管及外周循环障碍性疾病。近5年来，应用银杏达莫注射液治疗各种慢性肾脏病如原发性肾病综合征、慢性肾炎、高血压肾病等，均取得了较为满意的效果。发生不良反应可对消化系统、呼吸系统、神经系统及心肝肾等脏器有不同程度的损坏，具体表现为恶心呕吐、头晕发热、恶寒、咽喉肿痛、咳嗽、呼吸不畅、哮喘、皮肤瘙痒、水肿、荨麻疹、皮疹、过敏性休克、静脉炎、心悸、心绞痛等局部或全身症状。同时值得注意的是，由于中药注射液的成分复杂，其中所含的大分子物质作为抗原、小分子物质作为半抗原与蛋白质结合，以及制剂中添加的辅料，或者提纯过程中残留的杂质，均可作为过敏原引起机体的过敏反应。

银杏制剂若与其他药物配伍使用，药物间的相互作用也可增加不良反应发生率，如文献报道的巴曲酶联合银杏达莫注射液用于治疗突发性耳聋时不良反应发生率有所增加，银杏酮酯滴丸联合阿托伐他汀用于治疗急性缺血性脑梗死患者出现消化道不良反应，银杏叶制剂与其他抗凝药物配伍可造成出血问题等。另有报道称银杏蜜环口服液引起恶心、呕吐、腹泻等消化系统毒性反应和全身皮肤瘙痒的过敏反应。综合上述资料，银杏及其制剂所引起的不良反应发生率相对较低，安全性较高。但针对可能发生不良反应的问题，仍需要引起重视，进一步规范生产过程，在临床中注重配伍禁忌，给药后及时观察病情，以确保患者的用药安全和药物疗效。

4.3　银杏在食品中的应用

银杏叶只能用于保健品，不能用于普通食品。银杏叶提取物对延缓衰老、增强机体免疫功能、改善微循环、降低心脑血管疾病和癌症发病率有明显作用，国内一些厂家也将其制成口服液、冲剂。银杏果在宋代被列为皇家贡品，日本人有每日食用白果的习惯，西方圣诞节必备银杏果。就食用方法来看，银杏果主要有炒食、烤食、煮食、配菜等，还可用于制作糕点、蜜饯、罐头、饮料和酒类。

德国 Schwabe 公司最早利用溶剂萃取专利技术生产标准银杏叶提取物 EGB761（ginkgo biloba extract 30，GBE 30），并开发了 Teboninforte 制剂。EGB761 作为银杏叶的标准提取物之一，作为可改善记忆力、缓解老年痴呆症状的营养物质在食品制造行业广泛使用。随后法国 Beaufour-Ipsen 公司开发了 Rokan 制剂，西德 Sobernheim 制药公司生产出含有银杏提取物的复方制剂 Hevert，日本开发了一系列银杏叶保健口服液，韩国银杏叶食品已成为仅次于高丽参的保健食品。有关数据表明，国际上银杏叶制剂的年销售额达 50 亿美元。我国银杏叶提取物及其制剂的加工始于 20 世纪 90 年代，20 多年来，人们利用银杏果、银杏叶的有效成分和医药保健作用加工生产出的各种保健食品纷纷问世，如银杏果茶、银杏啤酒、银杏果晶等，有关银杏保健食品的制备方法和加工工艺已获得十多项国家专利。其他有关银杏保健食品的研究也很多，如银杏膨化脆片、松脆银杏果、白果蜜饯、白果糊、银杏粉、银杏叶保健醋、银杏汁酸乳等。

4.4　银杏在日化及保健用品中的应用

4.4.1　银杏叶提取物的抗衰老作用

皮肤衰老主要体现在两方面：一是皮肤逐渐失去弹性形成皱纹；二是皮肤外表逐渐产生黄褐斑、老年斑等各种色斑。皮肤衰老与机体衰老是同步进行的，由于皮肤位于机体最外层，更多地受到外源性刺激因素的影响，在机体老化中表现得最为明显。哺乳动物及人类的胶原纤维广泛存在于各器官中，而胶原蛋白则是构成结缔组织中胶原纤维的主要成分。所以胶原蛋白是人体内含量最多的蛋白质，约占蛋白质总量的 1/3。在胶原蛋白中，含羟脯氨酸最多，其在胶原蛋白的氨基酸组成中约占 12% ~ 14%，并主要存在于皮肤胶原蛋白中，其他组织几乎不含羟脯氨酸。皮肤中胶原蛋白含量随年龄增长而逐渐降低。若皮肤中缺乏胶原蛋白，胶原纤维就会发生共价交联，皮肤便会失去柔软性、弹性和光泽，同时真皮纤维断裂、脂肪萎缩、汗腺及皮脂腺分泌减少，使皮肤出现色斑、皱纹等一系列老化现象。根据衰老的自由基理论，在皮肤的衰老过程中，自由基对皮肤的损害是一个重要因素。体内的自由基与脂肪酸作用而生成丙二醛等物质，它们与细胞膜上的蛋白质等作用而生成褐色素，沉淀于皮肤上便形成各种色斑。自由基也能使皮肤表皮内的胶原纤维、弹力纤维交联和变性、变脆而失去弹性。当皮肤的水分不足时，容易使弹性纤维断裂而形成皱纹。因此自由基对皮肤的损害作用是很大的，如果能采取措施来减少皮肤自由基的生成，对已生成的自由基进行有效清除，并能保持皮肤的水分，就可以有效地减缓皮肤的衰老。

银杏叶中含有的黄酮类化合物具有优异的抗氧化活性，是植物中的优良抗氧化剂，能保护皮肤细胞不受氧自由基过度氧化的影响。黄酮类化合物可直接清除反应链中的自由基，起到防止和断裂链反应的两重功效，从而延长皮肤细胞的寿命，增强其抗衰老的能力。此外，银杏叶提取物中的内酯也能加速新陈代谢，改善血液循环，增强细胞活力。银杏叶中还含有必需氨基酸和合成胶原蛋白的必需原料，而皮肤的光泽、弹性与肌肤胶原蛋白含量有着密切关系。

4.4.2　银杏对皮肤的保健作用

银杏有很好的皮肤保健作用，能够预防和治疗多种皮肤疾患，如手足皲裂、头面癣和瘙痒等症。

① 疣症　取白果 10 枚，去壳取仁，薏苡仁 60g，加水适量煮烂后，放入少量白糖，调味食用，一日一剂，连续服之，直到疣脱为止。

② 头面癣疮　生白果仁切片，在癣疮部位摩擦，久用可使患部痊愈。

③ 酒刺　将白果仁切出平面，频搓患部，边搓边削用过部分，每次用 1~2 枚白果仁即可，可在每晚睡觉前用温水洗净患部后涂搓。

④ 小儿湿疹、皮炎　银杏叶烧成灰，拌上适量香油，涂抹在患处，每日 2 次，10 日可治愈。

⑤ 阴虱　将鲜白果除去硬壳，捣烂，擦患处，勿伤黏膜。

⑥ 酒糟鼻　白果仁、酒醅糟，一同嚼烂，夜涂旦洗，至愈止。

⑦ 鸡眼　银杏树叶，烧存性研细末，用粥米粒研和，贴于患处，每日换贴1次。

⑧ 未溃冻疮　银杏树叶煎浓汤，涂洗患部。

⑨ 乳痈溃烂　白果仁500g，以一半研细泡酒，分次服用，另一半研细，多次敷。

另外，银杏叶提取物可防止毛细血管出血和毛细血管过度扩张，又可增加血液流通量，降低脂质过氧化水平，抑制黑色素，对抗自由基的产生，可减少雀斑，润泽肌肤。

4.4.3　银杏具有高效广谱抗菌作用

实验研究表明银杏叶提取物具有光谱杀菌作用，对金黄色葡萄球菌、绿脓杆菌和絮状表皮癣菌等常见侵染皮肤的致病菌均有明显的抑制作用，并且这种抗菌作用在极低浓度下便可显示。银杏叶提取物非常适于用作化妆品功能性原料，具有安全、有效的特点。

4.4.4　银杏对毛发和牙齿的保健作用

银杏提取物对毛发乳头细胞具有良好的增殖作用，又具活血功能，因此是很好的生发剂。将银杏叶提取物添加在牙膏中，具有一定的防龋效果。

参 考 文 献

［1］杨扬，周斌，赵文杰. 银杏叶史话：中药/植物药研究开发的典范［J］. 中草药，2016，47（15）：2579-2591.

［2］李思佳，耿剑亮，张悦，等. 银杏药理作用研究进展［J］. 药物评价研究，2017，40（06）：731-741.

［3］杨慧萍，高睿. 银杏药用成分及药理作用研究进展［J］. 动物医学进展，2017，38（08）：96-99.

［4］王琴，温其标. 银杏种仁中活性成分及其药理作用的研究进展［J］. 现代食品科技，2006，（01）：164-167.

［5］杨强，李新华，王琳，等. 银杏果多糖的物化性质及抗氧化活性研究［J］. 现代食品科技，2013，29（10）：2395-2400.

［6］张风梅，李三省，马小燕，等. 银杏蛋白的提取及其功能性质研究［J］. 食品科技，2012，37（01）：214-217.

[7] 邵菊芳，朱红威，马毅．不同方法提取银杏果实中黄酮类化合物的研究［J］．江苏农业科学，2010（04）：288-290.

[8] 高学敏．中药学．第2版．北京：中国中医药出版社，2007.

[9] 孙晓明，成艳丽，郑丽莉，等．银杏不同部位的药用价值研究［J］．北京农业，2014，（30）：136.

[10] 向丽萍，冯厚梅．银杏叶提取物对哮喘患者细胞因子水平及临床疗效的影响［J］．北方药学，2018，15（11）：30-31.

[11] 罗小芳，覃佐东，袁琦韵，等．简析银杏研究的相关进展［J］．科技通报，2016，32（08）：36-40.

[12] 孙笑槐．银杏叶中有效成分的研究进展［J］．中国科技信息，2011，（04）：111-116.

[13] 韩永鹏，朱树健．银杏叶提取物临床应用的进展研究［J］．临床医药文献电子杂志，2017，4（23）：4521-4522.

[14] 张素英，李瑞静，李瑞杰，等．银杏叶提取物对糖尿病肾病大鼠肾功能及 Toll 样受体 4、白细胞介素 6、肿瘤坏死因子 α 水平的影响［J］．河北中医，2018，40（10）：1546-1550.

[15] 温锐，王俭．银杏叶提取物的免疫调节作用研究［J］．实用药物与临床，2018，21（10）：1109-1111.

[16] 贾朝，程敏，王学军，等．银杏叶中抗抑郁活性成分的虚拟筛选［J］．广州化工，2017，45（16）：8-10.

[17] 夏前贤，李金贵．银杏外种皮多糖研究进展［J］．中兽医医药杂志，2018，37（01）：29-32.

[18] 吴琼，杜小弟，雷家珩，等．银杏外种皮生物活性物质联合提取工艺研究［J］．天然产物研究与开发，2017，29（06）：1048-1052.

[19] 张磊．银杏外种皮生物活性物质提取研究［D］．武汉：武汉理工大学，2015.

[20] 唐进根，陈利红，赵东亚，等．3个银杏品系外种皮不同生长期内银杏酸含量的变化［J］．福建农林大学学报（自然科学版），2014，43（05）：478-483.

[21] 卢坚，孙家麒，芶琳．银杏雄球花提取物的抗氧化活性［J］．贵州农业科学，2017，45（10）：113-115.

[22] 裴纪莹，陈相艳，闫慧娇，等．银杏花粉黄酮组分分离纯化及其清除 DPPH 自由基能力［J］．农业工程学报，2018，34（10）：289-295.

[23] 盖晓红，刘素香，任涛，等．银杏化学成分、制剂种类和不良反应的研究进展［J］．药物评价研究，2017，40（06）：742-751.

[24] 张光辉，孟庆华，龙旭，等．响应面法优化超声辅助银杏叶中黄酮的提取及其抗自由基活性研究［J］．当代化工，2018，47（01）：17-19.

[25] 张兆敏，杨睿，高成岩，等．银杏黄酮对高糖诱导肾小球系膜细胞氧化应激的保护作用［J］．中国中西医结合肾病杂志，2018，19（01）：43-44.

[26] 耿婷，申文雯，王佳佳，等．银杏叶中内酯类成分的研究进展［J］．中国中药杂志，2018，43（07）：1384-1391.

[27] 刘彬果，张新萍，刘岩．银杏叶中萜内酯类化合物的研究进展［J］．药学实践杂志，2011，29（06）：421-425.

［28］田青亚，巩丽丽．银杏内酯研究进展［J］．中南药学，2016，14（08）：838-841.

［29］何钢，刘岚，李会萍，等．银杏叶多糖分离纯化、结构鉴定及抗氧化活性研究［J］．食品工业科技，2015，36（22）：81-86.

［30］常萍，徐艳，周大宇，等．银杏多糖对小鼠乳腺癌4T1细胞增殖及GLUT家族基因表达的影响［J］．中国药理学通报，2018，34（09）：1301-1307.

［31］齐若，周利晓，顾志敏，等．银杏叶多糖对高脂饮食诱导的糖尿病视网膜病变保护作用及机制［J］．中国老年学杂志，2018，38（09）：2200-2202.

［32］张丽娇，高立宏，费瑞．银杏叶多糖对炎症小鼠TNF-α表达的影响［J］．黑龙江畜牧兽医，2018，（16）：172-173.

［33］于小凤，李永辉，赵明．银杏叶聚戊烯醇类化合物对造血干细胞体外增殖作用的研究［J］．中药新药与临床药理，2010，21（4）：385-389.

［34］潘苏华，董李娜，顾柏平，等．不容忽视的毒性物质——银杏酸［J］．中国现代药物应用．2007，1（12）：107-108.

［35］龚庆凤．银杏酮酯滴丸联合氟桂利嗪治疗慢性脑供血不足的临床观察［J］．中国伤残医学，2012，20（2）：68-70.

［36］杨光．再论科研开发银杏资源的重要意义［J］．北京中医药，2008，27（6）：463-465.

［37］王超，王宏．银杏叶提取物的临床应用［J］．中国医药指南，2012，10（11）：86-87.

［38］马欣，孙毓庆．银杏叶提取物多维指纹图谱研究［J］．色谱，2003，21（6）：562-567.

［39］韩标定，周芸羽．银杏酮酯滴丸治疗冠心病心绞痛临床观察［J］．中国热带医学，2010，10（5）：608-609.

［40］程光其．银杏叶制剂临床应用回顾与评价［J］．实用中医内科杂志，2015，29（01）：162-164.

［41］宋媛，都雯，马蕾，等．银杏黄酮苷与复方丹参片对冠心病心绞痛患者心电图、心功能、血液流变学的影响对比分析［J］．世界中医药，2017，12（08）：1764-1766.

［42］马天寿．银杏达莫注射液在慢性肾脏病的临床应用［J］．中国社区医师（医学专业），2012，14（31）：22-23.